Rohre

Für Abwasser: Kunststoffrohre
Für Brauchwasser: Kupferrohre oder verzinkte Stahlrohre

Bei der Reparatur oder Erneuerung von sanitären Einrichtungen müssen nicht selten Rohre verlegt werden. Einmal für das Brauchwasser, zum anderen für das Abwasser.

Für Abwasser können Kunststoffrohre verwendet werden. Dabei ist die Temperatur des Abwassers zu berücksichtigen, wie auf Seite 18 beschrieben.

Für Brauchwasser stehen verzinkte Stahlrohre und Kupferrohre zur Auswahl. Entscheidend für die Wahl des Rohres ist das Material der Rohrleitung, an die Sie das neue Rohrstück montieren wollen.

In Fließrichtung des Wassers dürfen Kupferrohre nie vor verzinkten Rohren installiert werden. Es käme sonst zu einer elektrochemischen Korrosion, die die verzinkten Rohre in kürzester Zeit zerstören würde.

Unbedingt Fließregel beachten: Niemals Kupferrohre vor verzinkten Stahlrohren montieren !

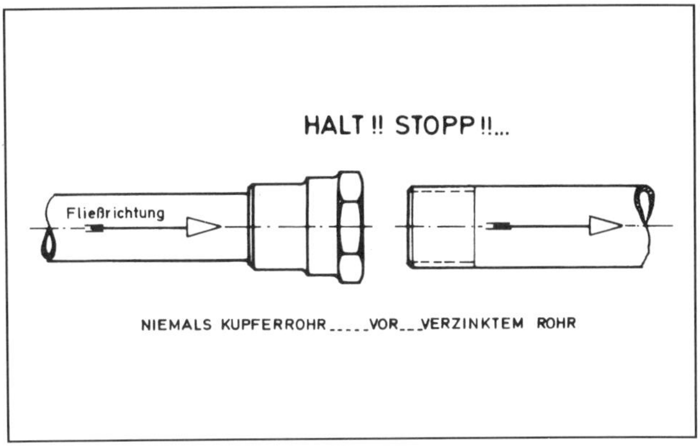

Kupferrohre

Kupferrohre gibt es in Stangen und in Ringen. Die Stangenware ist hart, die Rohre in Ringen sind weich. Neben der normalen, blanken Lieferform sind Ringe und Stangen im Handel, die einen Kunststoffmantel haben.

Dieser Mantel kann dünn sein als Korrosionsschutz oder zusätzlich eine Schaumstoffhülle als Wärmeschutz haben. Die Verarbeitung in bezug auf das Löten ist bei allen Ausführungen gleich.

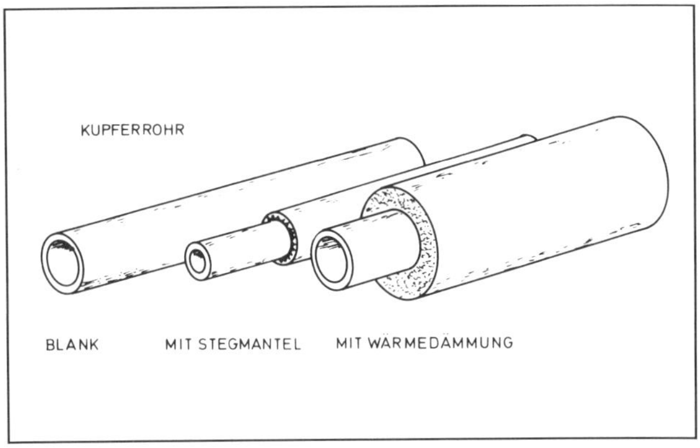

Tabelle:
Abmessungen von Kupferrohren

Durchmesser und Wandstärken nach DIN 1786:

Bezeichnung	Durchmesser in mm	Wandstärke in mm	Inhalt l/m
10x1	10	1,0	0,05
12x1	12	1,0	0,08
15x1	15	1,0	0,13
18x1	18	1,0	0,20
22x1	22	1,0	0,32
28x1,5	28	1,5	0,49
35x1,5	35	1,5	0,80
42x1,5	42	1,5	1,20
54x2,0	54	2,0	2,00

Kupferrohr als Stangenware hat ca. 5 m Länge. Die weichen Kupferrohre in Ringen gibt es nur bis zu einem Durchmesser von 22 mm. Entscheidend für die Auswahl des neuen Rohrs sind die Maße der vorhandenen Anschlußstücke, an die Sie das Rohr montieren wollen. Wählen Sie bitte nur Rohre,bei denen seitlich die DIN-Nummer und der Hersteller eingeprägt sind. Nur dann haben Sie eine Gewähr für Qualität.

Über Form- und Verbindungsstücke, sogenannte Fittings, werden Kupferrohre miteinander beziehungsweise mit Armaturen verbunden.

Dafür gibt es Fittings aus zwei Werkstoffen:

Für Kupferrohrverbindungen werden vorzugsweise Kupferfittings verwendet.
Für Übergänge zu Armaturen und Gewinden von Stahlrohren nimmt man Fittings aus Rotguß.

Die Übergangsstücke aus Rotguß sind dickwandiger als die Kupferfittings und haben einerseits eine Lötmuffe und andererseits den passenden Gewindeanschluß.

Die Wandscheibe „4472 g" kann mit der angeformten Fläche an die Wand geschraubt werden und gibt dem Leitungsende somit entsprechenden Halt.

Die angegebenen Nummern sind als Bestellnummern bei allen Händlern gleichermaßen üblich.

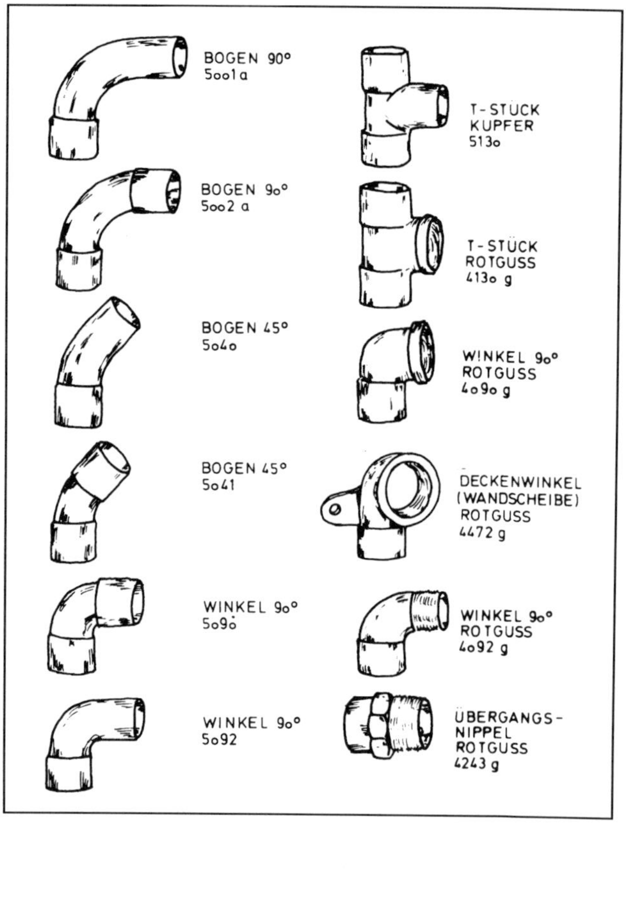

Abtrennen von Rohren

Kupferrohr

Handhabung des Rohrabschneiders

Das Abtrennen von Kupferrohren erfolgt mit einer Metallsäge oder mit dem Rohrabschneider.

Ein Rohrabschneider gewährleistet eine weitgehende Maßhaltigkeit der Schnittstelle; das Rohrende muß ja in einen Fitting hineinpassen.

Ist der Rohrquerschnitt verformt, ist eine einwandfreie Lötung nicht mehr gegeben.

Zum Abschneiden den Rohrabschneider öffnen, das Rädchen an der Schnittstelle ansetzen und das Gerät wieder schließen.

Nun die Schraube des Rohrabschneiders soweit anziehen, daß das Schneiderädchen mit leichtem Druck auf dem Rohr liegt.

Dann den Abschneider um das Rohr drehen. Nach jeder Umdrehung die Schraube des Rohrabschneiders ein wenig fester ziehen und die Arbeitsgänge solange wiederholen, bis das Rohr abgeschnitten ist.

Schneiden Sie lieber mit zu wenig als mit zu viel Druck ab, um so weder Rädchen noch Rohr zu beschädigen.

Verzinktes Stahlrohr

Verzinkte Stahlrohre trennen Sie genauso mit der Metallsäge oder dem Rohrabschneider ab.

Da die Stahlrohre größere Wandstärken haben, benötigen Sie allerdings kräftigere und größere Rohrabschneider.

Wenn Sie mit der Metallsäge abtrennen, spannen Sie das Rohr auf jeden Fall in den Schraubstock ein.

Kleinere Rohrdimensionen können Sie in der Hand abschneiden, größere spannen Sie leicht in den Schraubstock ein.

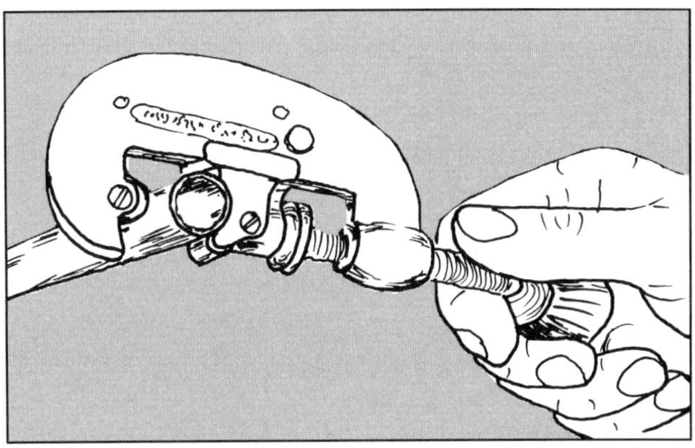

Entgraten und Kalibrieren

Grat entfernen

Die Entgratung darf nie vergessen werden, da es sonst zu Ablagerungen an den Innengraten käme und bei dem Aufbringen von Fittings und Gewinden keine Passgenauigkeit durch die Außengrate möglich wäre.

Beim Abtrennen des Rohres, sowohl mit der Metallsäge, wie auch mit dem Rohrabschneider, entstehen an den Schnittstellen kleine Erhebungen, sogenannte Grate, die unbedingt entfernt werden müssen.
Für die Grate an der Rohraußenseite, die Außengrate, reicht dazu meistens bereits eine Flachfeile.
Für die Innengrate braucht man ein Entgratungsmesser. Viele Rohrabschneider haben einen eingebauten Entgrater: dann den Entgrater aus dem Rohrabschneider herausziehen und mittels Drehbewegung den Innengrat entfernen.
Sollte der Rohrabschneider keinen Entgrater haben, besorgen Sie sich am besten einen Entgratungskegel. In diesen Entgratungskegel sind Klingen für die Innen- und Außenentgratung eingelassen.

Der Querschnitt von Kupferrohren kann sich beim Trennen, auch mit dem Rohrabschneider, verformen. Man muß die Rohre deshalb kalibrieren: für jeden Durchmesser entsprechend gibt es dafür Kalibriersätze.
Ein Kalibriersatz besteht aus dem Kalibrierdorn (=A) und dem Kalibrierring (=C). Zuerst den Dorn in das Rohr treiben (=B), Dorn wieder herausziehen. Dann mit dem Ring das Rohrende wieder kreisrund herstellen (=D).

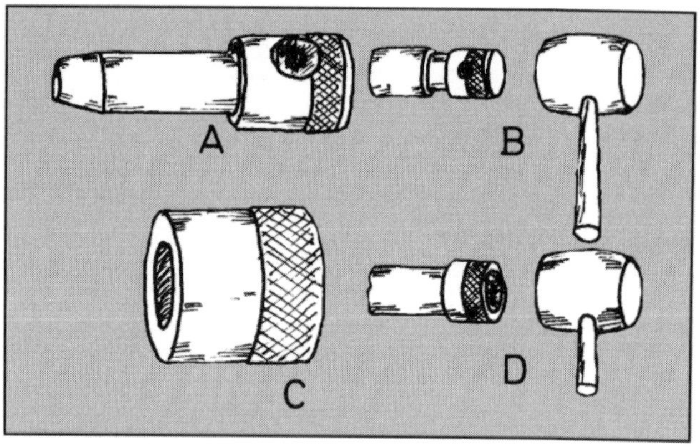

Als Abschluß und Lötvorbereitung müssen das Rohrende und das Muffeninnere des Fittings gründlich gereinigt werden. Auch dann, wenn die Stücke ein noch so blankes und neues Aussehen haben.
Zur Reinigung eignet sich am besten Stahlwolle. Danach das Rohr sofort verarbeiten. Nicht mehr mit bloßen Händen anfassen. Wenn das gereinigte Rohr längere Zeit liegt, nochmals mit Stahlwolle behandeln.

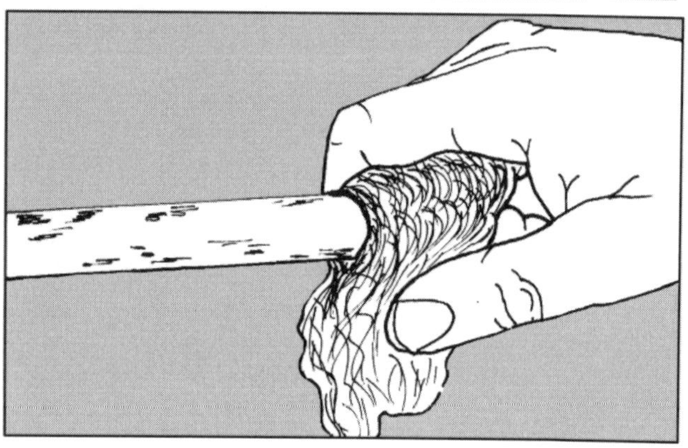

Löten von Kupferrohren

Weichlöten ist leicht erlernbar. Nur zugelassene Lote und Flußmittel benutzen.

Da das Weichlöten von Kupferrohren relativ leicht erlernbar ist, werde ich nur dieses Verfahren beschreiben.
Benutzen Sie nur zugelassene Lote und Flußmittel, die für Kalt- und Warmwasserinstallationen, für Heizungsanlagen bis 110 Grad C und für Ölleitungsmontagen geeignet sind. Lote und Flußmittel müssen folgende Bezeichnungen haben: Hersteller- oder Lieferantenkennzeichen, Kurzbezeichnung und die entsprechende Norm:

Tabelle: Lote und Flußmittel

Lote nach DIN 1707 Kurzbezeichnung:	Flußmittel nach DIN 8511 Kurzbezeichnung:
L-SnAg 5	F-SW 21
L-SnSb 5	F-SW 22
L-SnCu 3	F-SW 25

Vor dem Auftragen des Flußmittels sollten Sie schon mal probieren, ob das Fitting auf das Rohr paßt.
Danach Flußmittel auf das Rohrende – und nicht in die Muffe hinein – auftragen.
Bitte einen Lappen benutzen, da Flußmittel oft nicht hautverträglich sind. (Nach der Arbeit und vor allem vor dem Essen Hände gründlich waschen.)

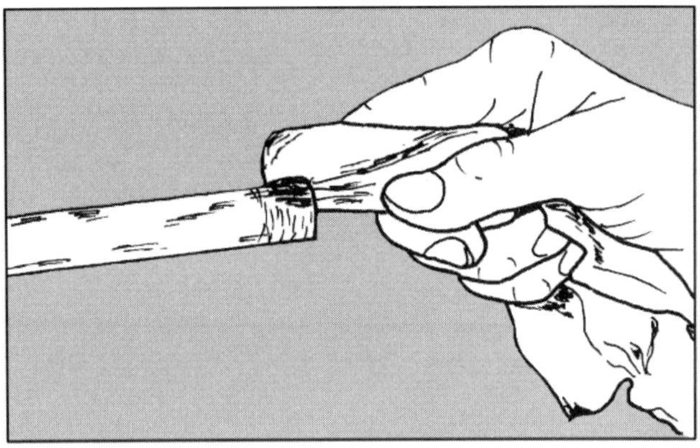

Nun das Fitting aufstecken und Rohr und Fitting rundum mit der Flamme des Lötgerätes erwärmen.
Flamme entfernen und den Lötdraht an den Lötspalt halten. Schmilzt das Lot ab, saugt es sich aber noch nicht in den Spalt ein, die Erwärmung fortsetzen.
Erst wenn das Lot sauber in den Spalt eingesaugt wird, ist die Lötung erfolgt.

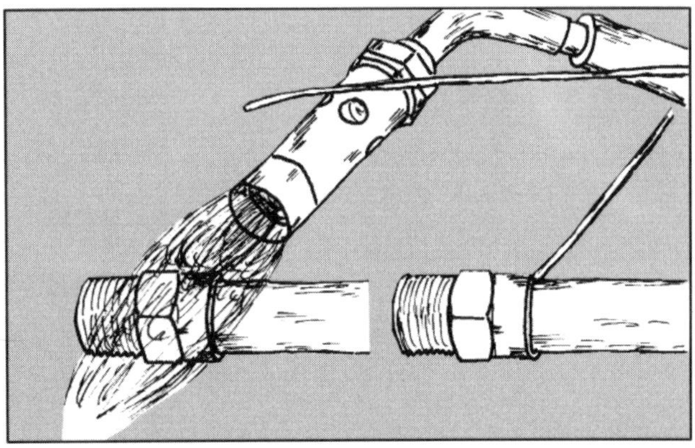

Beim Löten muß die richtige Arbeitstemperatur eingehalten werden: wenn kleine Wölkchen an der Lötstelle erscheinen, ist diese fast erreicht.
Lötstelle erst gut abkühlen lassen – nicht sofort bewegen.

Es ist wichtig, daß beim Löten die richtigen Arbeitstemperaturen eingehalten werden. Bei Überhitzung verbrennt das Flußmittel und der Lötspalt füllt sich nur unvollständig mit Lot. Die Arbeitstemperatur ist fast erreicht, wenn an der Lötstelle kleine Rauchwölkchen erscheinen. Bei etwa 200 Grad C verdampfen nämlich einige Bestandteile des Flußmittels.

Die Lötstelle nicht sofort bewegen, sondern erst gut abkühlen lassen.

Das Einsaugen des Lots erfolgt auch, wenn die Lötmuffe auf dem Kopf steht.

Liegen mehrere Lötstellen dicht beisammen, z. B. bei einem T-Stück, können sie in einem Erwärmvorgang gemeinsam gelötet werden. Die fertige Lötstelle ist noch mit einem groben Lappen zu reinigen.

Verzinkte Stahlrohre

Fließregel beachten.
Verzinkte Rohre dürfen nicht gebogen werden.
Der Durchmesser von Stahlrohren wird in Zoll angegeben, Schreibweise der Bezeichnung 1 Zoll ist 1".

Durch die zwingend vorgeschriebene Fließregel „kein Kupferrohr vor einer verzinkten Leitung" kann es erforderlich werden, Stahlrohre zu verlegen.

Als weitere bindende Regel ist zu beachten, daß verzinkte Rohre nicht gebogen werden dürfen, da sonst an den Biegestellen die Verzinkung Schaden nimmt.

Achten Sie beim Kauf von verzinkten Rohren auf die Einprägung der DIN-Nummer 2440. Die verzinkten Rohre werden in geschweißter und in nahtloser Form angeboten. Die geschweißte Form reicht bei den Erneuerungsprojekten in jedem Fall aus. Stahlrohre sind im Normalfall etwa sechs Meter lang. Heimwerkermärkte führen aber auch kürzere Stücke. Der Durchmesser von Stahlrohren wird in Zoll angegeben.

Tabelle: gebräuchliche verzinkte Stahlrohre nach DIN 2440.

Entscheidend für die Wahl des neuen Rohres sind die Maße der vorhandenen Anschlüsse, an die Sie das Rohr montieren wollen.

Nennweite „DN" Zoll	Nennweite „DN" mm	Rohraußendurchmesser „d" mm	Wanddicke „S" mm	Inhalt „V" l/m	Gewicht „G" kg/m
1/2"	15	21,3	2,65	0,20	1,22
3/4"	20	26,9	2,65	0,37	1,58
1"	25	33,7	3,25	0,58	2,44
1 1/4"	32	42,4	3,25	1,01	3,14
1 1/2"	40	48,3	3,25	1,37	3,61
2"	50	60,3	3,65	2,20	5,10

Im Gegensatz zu Kupferrohren werden Stahlrohre nicht gelötet, sondern direkt in Fittings und Armaturen eingeschraubt. Daher haben die Form- und Verbindungsstücke (die Fittings) an beiden Enden jeweils Gewinde. Dabei kann es sich sowohl um zwei Außen- oder Innengewinde, wie auch ein Außen- und ein Innengewinde handeln.
Die verzinkten Stahlrohre müssen daher mit einem Gewinde versehen werden. Dabei ist zu beachten, daß in der Sanitärinstallation nur Außengewinde selbst hergestellt werden. Sollte durch die vorhandenen Anschlüsse ein Innengewinde benötigt werden, müßte ein Fitting für die Verbindung eingesetzt werden.
Die nachfolgende Abbildung zeigt die gebräuchlichsten Fittings.

Fittings für Stahlrohre haben an beiden Enden jeweils ein Gewinde.

Der dargestellte Winkel „92" zum Beispiel hat ein Innen- und ein Außengewinde.

Die in Klammern gestellte Nummer 90 kennzeichnet den gleichen Winkel mit zwei Innengewinden, die Nummer 94 mit zwei Außengewinden.

Die angegebenen Nummern sind als Bestellnummern bei allen Händlern gleichermaßen üblich.

Gewinde schneiden

Im Handel gibt es verschiedene Gewindeschneider bzw. fachlich ausgedrückt „Kluppen“: zum einen Kluppen mit einem für jede Gewindegröße eignen, fest stehenden Schneidkopf, zum anderen mit verstellbaren Schneidbakken, die für mehrere Gewindegrößen passen. Beachten Sie, daß der Durchmesser in Zoll angegeben wird. Im nebenstehenden Foto wird ein feststehender Schneidkopf für ein 3/4“-Gewinde in den Ratschenhebel eingeschoben.

Das mit einem Gewinde zu versehende Rohr wird zunächst fest in einen Schraubstock eingespannt. Dann etwas Gewindeschneidöl auf das Rohrende aufgeben.

> Niemals ohne Schneidöl arbeiten und nur giftfreies Öl verwenden.

Nun die Kluppe auf das Rohrende auffädeln und vorsichtig und zentrisch bis zum Anschlag auf das Rohr aufschieben.

Mit der linken Hand einen leichten Druck auf den Schneidkopf ausüben und gleichzeitig mit der rechten Hand den Griff kurz nach unten drücken. Griff hochheben, bis er spürbar einrastet. Dabei steht das Rädchen der Ratschenbefestigung auf „R“ (für Rechts). Nun – immer noch mit leichtem Druck auf den Schneidkopf – den Griff wieder nach unten drücken und damit die Kluppe um das Rohr drehen.

Wenn sich der erste Gang des Gewindes gebildet hat, ist ein Druck auf den Schneidkopf nicht mehr erforderlich.
Ist das Gewinde fertig, muß die Kluppe mit dem Schneidkopf wieder vom Rohr herunter.
Dazu heben Sie die noch auf „R" stehende Ratschenbefestigung an.

Die angehobene Ratschenbefestigung nach links oder rechts soweit drehen, bis ein „L" für Links erscheint, dann loslassen.
Die Befestigung rastet nun wieder in den Schneidkopf ein. Nun kann der Hebel nach links gedreht werden.
Dann die Kluppe solange nach links drehen, bis das Gewinde frei ist.
Wenn es klemmt, sind Späne im Weg. Bitte nicht mit Gewalt weiterdrehen ...

... sondern wieder den „R"-Rechtsgang einlegen und kurz nach rechts drehen.
Danach wieder „L"-Linksgang.
Vorgang solange wiederholen, bis das Gewinde frei ist.
Kluppe vom Rohr abziehen.
Das Gewinde ist fertig.
Mit einem Lappen noch die Späne und das Öl abwischen.

Kunststoffabflußrohre

Möglichst nur HT-Rohre verwenden.

Für Abwasserinstallationen verwendet der Heimwerker am besten Kunststoffrohre. Sie sind leicht und zuverlässig zu verarbeiten.

Es gibt zwei große Gruppen von Kunststoffrohren:
die HT-Rohre, die heißwasserbeständig und schwerentflammbar sind (Kennfarbe der HT-Rohre ist dunkelgrau) und die KA-Rohre, die nur für Kaltabwässer geeignet sind (Kennfarbe der KA-Rohre ist hellgrau).

Zu Ihrer Sicherheit sollten Sie möglichst nur HT-Rohre verwenden, da bei diesen Rohren eine Ausdehnung bei Wärme auf jeden Fall innerhalb den Toleranzgrenzen bleibt, die eine sichere Dichtung garantieren.

Die Kunststoffrohre sind jeweils mit einer Kupplung, genannt Muffe, versehen und es gibt sie in Längen von 150 bis 4000 mm, sowie Durchmessern (=Nennweite) von 40 mm bis 150 mm.

Tabelle: Mindestnennweiten von Abflußleitungen sanitärer Gegenstände.

Entscheidend für Ihren Einkauf sind jedoch die Maße der Abflußrohre, an die Sie das Rohrstück montieren wollen.

Gegenstand:	Nennweite:	Gegenstand:	Nennweite:
Waschbecken	40 mm	Dusche	50 mm
Waschtisch	40 mm	Badablauf	50 mm
Bidet	40 mm	Urinal	50 mm
Spülbecken	50 mm	Klosett	100 mm
Badewanne	50 mm		

Mit Form- und Verbindungsstükken werden die Anschlüsse hergestellt.

Es gibt sie in allen Nennweiten und auch mit der Klassifizierung „HT" und „KA".

Beim Abzweig kann der senkrechte Durchgang auch eine größere Nennweite haben als der seitliche Abgang.

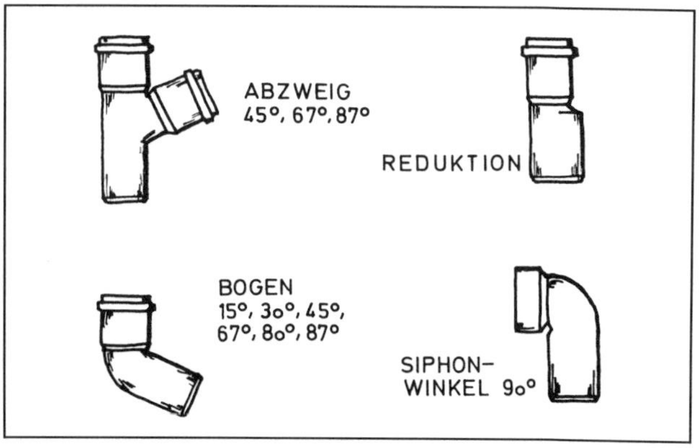

In die Muffen der Rohre und Verbindungsstücke sind zumeist bereits dichtende Gummiringe eingelegt.

Sonst sind vor dem Zusammenbau entsprechende Dichtungsringe in die Muffenrille einzulegen.

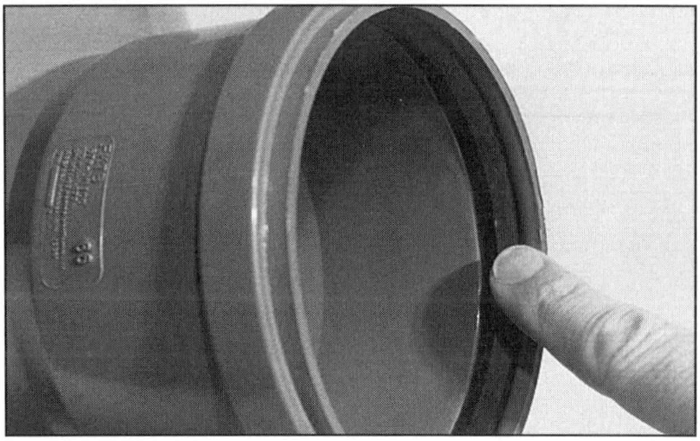

Damit sich die Rohre und Formstücke besser ineinander schieben lassen, können Sie die Rohrenden mit einem Gleitmittel versehen.
Spezielle Gleitmittel führt Ihr Händler. Sie können aber auch Schmierseife nehmen.
Zumeist ist ein Gleitmittel nur bei größeren Nennweiten erforderlich.
Als Dichtmittel wird die Paste nicht benötigt.

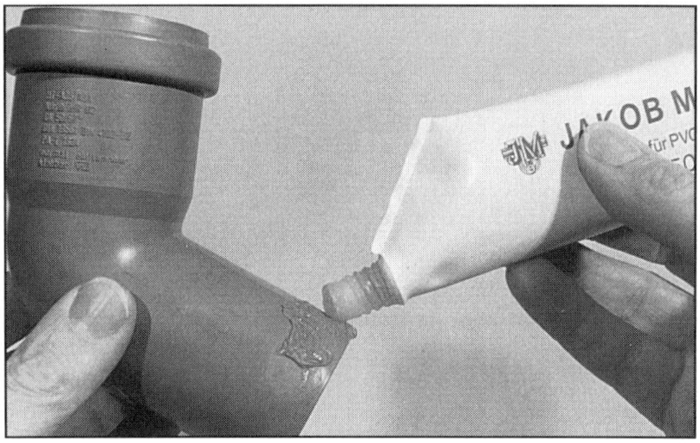

Muffe und Rohrende mit einem Lappen reinigen, eventuell Gleitmittel aufgeben und dann die einzelnen Teile senkrecht und zentrisch ansetzen.

Trennen von Kunststoffrohren

Bis zum Anschlag einschieben und dann etwa einen Zentimeter wieder zurückziehen. Dieser Platz von einem Zentimeter wird als Ausdehnungsraum benötigt. Auch Kunststoff dehnt sich bei Erwärmung aus. Wenn Sie das Rohr bis zum Anschlag eingeschoben haben, markieren Sie es an der Muffenkante. Am Abstand zwischen Markierung und Muffenkante können Sie dann beim Herausziehen sehr einfach den Zentimeter abmessen.

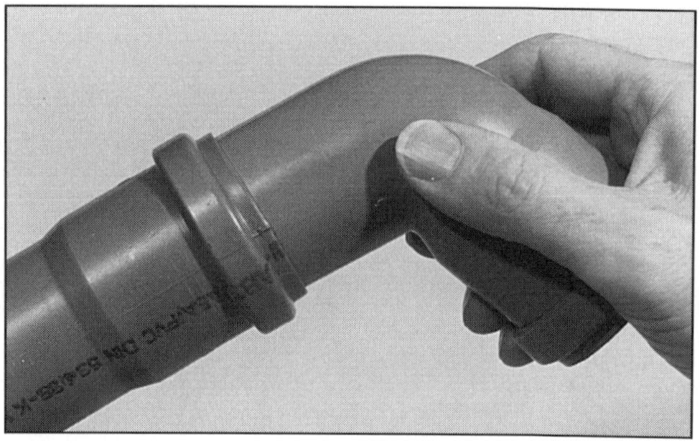

Kunststoffrohre können mit einer feingezahnten Säge getrennt werden. Hierbei ist auf einen rechtwinkligen Schnitt zu achten.

Bei den Rohrdurchmessern von mindestens 5 Zentimetern ist die Zuhilfenahme eines Winkelanschlages sinnvoll.

Nach dem Trennen des Kunststoffrohres sind zwei Dinge zu beachten: durch das Absägen haben sich an der Sägekante Innen- und Außengrate gebildet.

Hier muß der Innengrat mit einem Messer entfernt werden.

Da das gekürzte Rohr- oder Formstück mit einer neuen Fase zu versehen ist, wird mit der Fasenherstellung der Außengrat gleichzeitig mitentfernt.

Durch das Absägen entstehen, wie bei den Kupfer- und Stahlrohren, Innen- und Außengrate, also kleine, rauhe Erhebungen, die unbedingt entfernt werden müssen. Den Innengrat können Sie mit einem Messer wegschneiden.

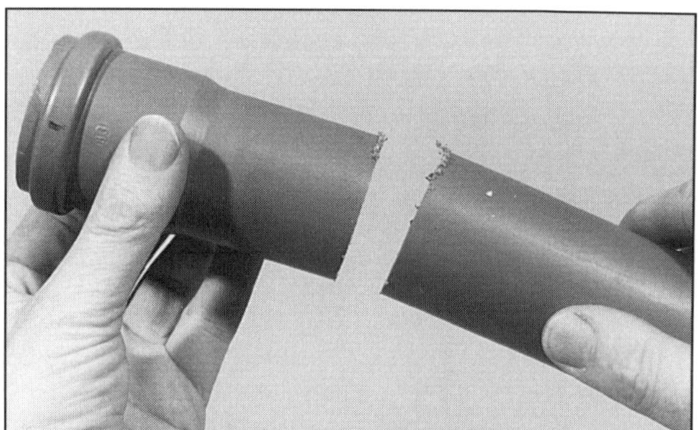

Rohrisolierungen

Die Einschieb-Enden der Rohre und Formstücke sind mit einer Fase versehen.
Das ist eine Verjüngung, um das Einschieben leichter zu machen.
Nach dem Absägen müssen Sie nun eine neue Fase bilden.
Verwenden Sie hierzu am besten eine nicht zu grobe Holzraspel oder Feile.
Nach dem Feilen achten Sie bitte darauf, daß sich kein neuer Innengrat gebildet hat.

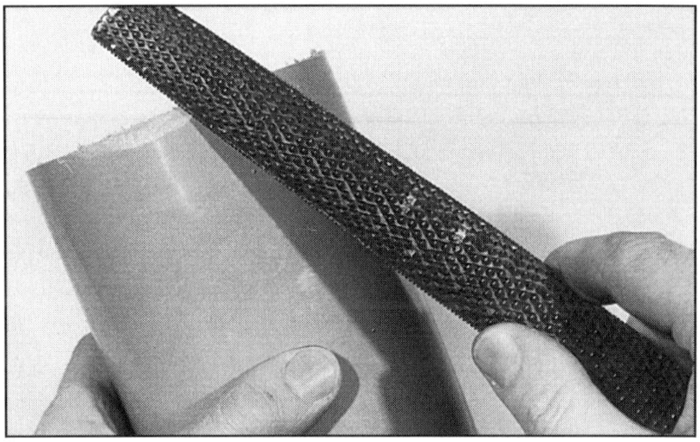

Isolierungen sparen Energie und schützen vor Korrosion.

Rohrleitungen werden aus den unterschiedlichsten Gründen isoliert.

Zunächst das Muß: Nach dem Energieeinsparungsgesetz und der zugehörigen Heizungsanlagenverordnung müssen auch alle Warmwasserleitungen gegen Wärmeverluste gedämmt sein.

Folgende Isolierstärken müssen erreicht werden:

Vorgeschriebene Isolierstärken bei Warmwasserleitungen.

Für Anschlußleitungen unter 8 m Länge reicht jeweils die Hälfte der angegebenen Stärken.

Nennweite DN mm	Kupferrohr Durchmesser mm	Mindestdicke der Isolierung mm
bis 20	bis 18 x 1	20
22 bis 35	22 x 1 bis 35 x 1,5	30
40 bis 100	42 x 1,5 bis 54 x 2	wie Nennweite

(Für Anschlußleitungen unter 8 m Länge reicht jeweils die Hälfte der angegebenen Stärken.)

Des weiteren isolieren wir aus folgenden Gründen:

1. als äußerer Korrosionsschutz,
2. zur Vermeidung von Schwitzwasser,
3. zur Schalldämmung und
4. zur Aufnahme von Bewegungen im Rohrnetz.

Für die genannten Aufgaben, das gilt auch für die Abwasserleitungen, stehen unterschiedliche Isoliermaterialien und -systeme zur Verfügung.

Bereits auf Seite 9 wird ein Kupferrohr mit Stegmantel vorgestellt. Das ist ein reiner äußerer Korrosionsschutz, dazu ein leichter Schutz gegen Schwitzwasserbildung.

Nach dem Löten müssen die Lötstellen mit Formstücken nachisoliert werden.

Zudem ist dort ein Rohr mit einer fertigen Wärmedämmung gezeigt, Verarbeitung wie bei Stegmantel.

Je nach Material müssen die Isolierungen vor oder nach der Rohrmontage aufgebracht werden. Dies ist bei der Planung der Arbeitsabläufe unbedingt zu berücksichtigen.

Ferner ist zu beachten, daß Rohrschellen immer um die Isolierung herum anzubringen sind, also niemals direkte Berührung mit den Rohr selbst haben dürfen.

Die Isolierung „A“ in der nebenstehenden Zeichnung besteht aus einem Filz und wird Stück für Stück um die Rohre gewickelt. Die Filzstreifen gibt es mit und ohne Kunststoffabdeckung.

Abbildung „B“ zeigt ebenfalls Filzmaterial, das jedoch als Schlauch ausgebildet ist und vor der Montage auf das Rohr geschoben wird.

„C“ ist eine Schaumstoffisolierung, die im Anlieferungszustand als geschlossenes Rohr ausgeführt ist. Man schiebt sie also vor der Montage auf das Rohr. Eine angedeutete Naht kann jedoch leicht mit einem Messer aufgeschnitten und später mit einem Kleber wieder verschlossen werden.

„D“ zeigt eine Isolierung aus Schaumstoffmaterial mit einem Reißverschluß.

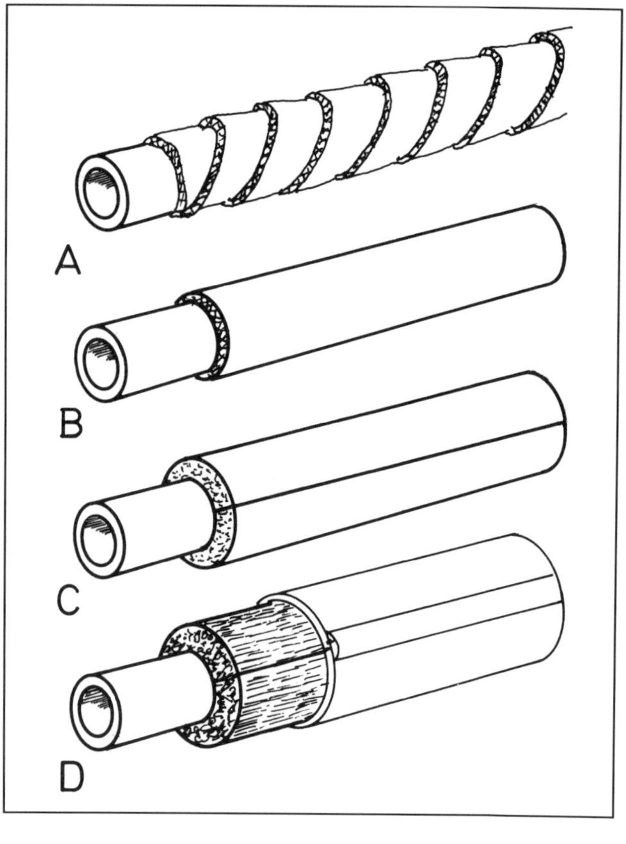

Die Streifenisolierung aus Filz wird einfach um die Rohre gewickelt. An den Enden bitte mit einem Klebstreifen fixieren.
Das ist ein reiner Schutz gegen Korrosion von außen (vor Zement, Kalk, etc.) Auch wird dem Rohr damit eine gewisse Bewegungsfreiheit gegeben.

Isolierschläuche werden vor der Montage auf das Rohr geschoben. Zur Überbrückung der Löt- und Anschlußstellen kann man ein zusätzliches Stück aufschieben und später zurückziehen.
Die Enden werden mit Klebeband befestigt, Reststücke mit Streifenmaterial umwickelt.
Die Schläuche gelten als äußerer Korrosionsschutz. Besteht der äußere Mantel aus Kunststoffolie, ist auch die Schwitzwasserbildung eingeschränkt.

Schaumstoffisolierungen mit Reißverschluß gelten als gute Wärmedämmung und sind als Schutz gegen Schwitzwasser geeignet, vorausgesetzt, daß die Bogen und Abzweige entsprechend ausgebildet werden.

Die Isolierstücke um die Rohre legen und mit beiden Händen den Reißverschluß schließen. Stöße mit einem Kunststoffklebeband verschließen.

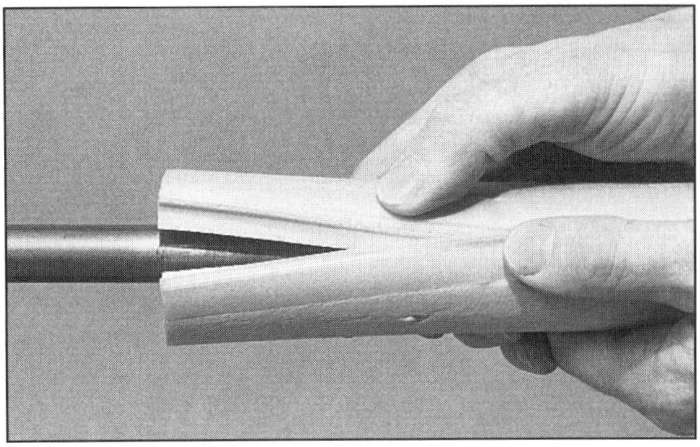

Oft werden Rohre in Wandschlitzen auch mit losem Isoliermaterial gegen Wärmeverluste, Schallübertragungen und äußerer Korrosion geschützt.

Dazu schrittweise den Schlitz mit einem Putzträger schließen und den Hohlraum zum Beispiel mit Mineralwolle ausstopfen.

Anschließend den Putz aufbringen.

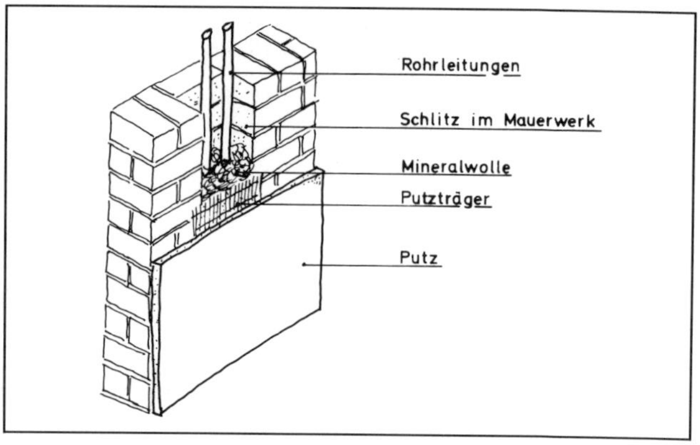

Gewindedrehsinn

Sanitärarmaturen haben ausschließlich Rechtsgewinde.
Ein Rechtsgewinde wird im Uhrzeigersinn festgedreht, eingedreht oder geschlossen.
Die Zange bewegt sich von oben nach unten.

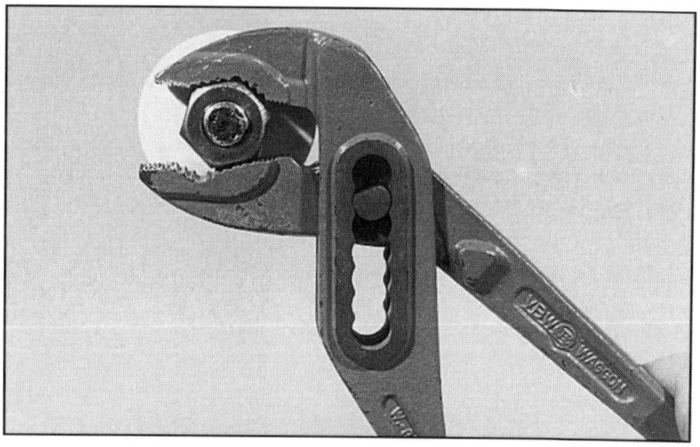

Im Gegenuhrzeigersinn wird ein Gewinde gelöst, herausgedreht oder geöffnet.
Zum Losdrehen eines Gewindes fassen Sie es wie dargestellt an.
Die Zange bewegt sich von unten nach oben.

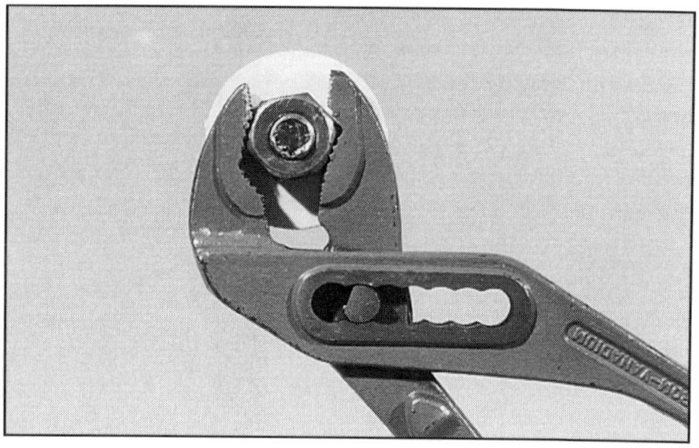

Gewinde eindichten

Beim Auswechseln von Armaturen und Zapfventilen sind in der Regel Gewinde einzudichten, um eine wasserdichte Verbindung herzustellen.

Das Eindichten kann mit Hanf oder Teflonband erfolgen.

Mit Teflonband ist das Eindichten sehr einfach, dafür aber ist die Dichtung nur bei einmaligem Einschrauben wirklich dicht. Es kann also nicht „probiert" werden.

Voraussetzung für das Eindichten ist ein angerauhtes Gewinde, damit sich das Dichtungsmittel beim Einschrauben mit in das Muffengewinde eindreht.

Bei neuen Armaturen sind die Gewinde oft bereits vom Hersteller etwas angerauht.

Bei unvorbereiteten Gewinden müssen Sie selbst die Gewindegänge aufrauhen.
Dazu eignet sich ein altes Metallsägeblatt, mit dem Sie einige Male leicht über die Gewindegänge schrappen.

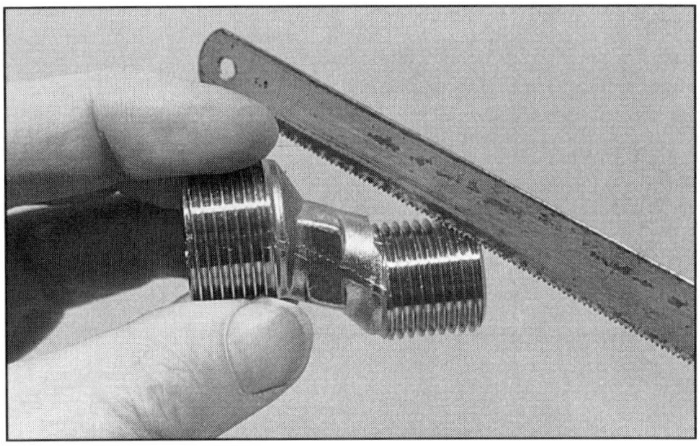

In hartnäckigen Fällen können Sie auch mit dem Sägeblatt leicht auf die Gewindegänge schlagen.
Achten Sie aber darauf, daß Sie das Gewinde nicht beschädigen, sondern nur aufrauhen.
(Und Vorsicht auf die Finger.)

Eindichten mit Hanf

Legen Sie einige Hanffäden auf das angerauhte Gewinde obenauf und wickeln die Hanffäden von sich weg gleichmäßig um das Gewinde herum.

Bei größeren Gewinden können die Hanffäden danach noch mit einer Drahtbürste eingebürstet werden.

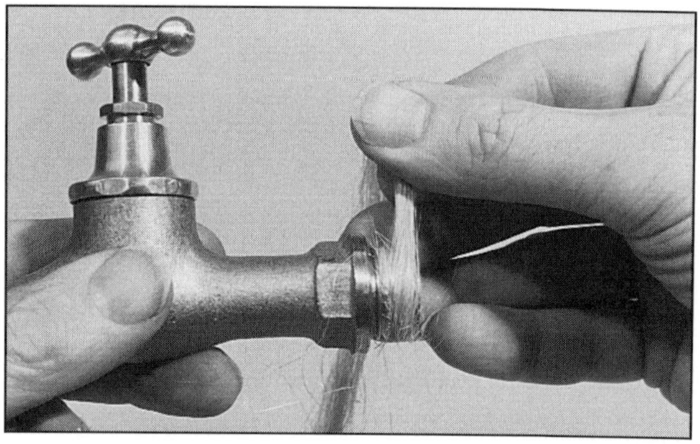

Das eingedichtete Gewinde muß noch mit einem giftfreien und zugelassenen Installationskitt bestrichen werden, zumeist beim Handel unter der Bezeichnung „Fermit" erhältlich.

Eindichten mit Teflonband

Das Bandende auf das Gewinde legen und von der Rolle weg leicht strammgezogen umwickeln. Vier bis fünf Lagen sind meist ausreichend.
Keinen Installationskitt verwenden.
Nach dem Einschrauben die Verbindung nicht mehr bewegen.

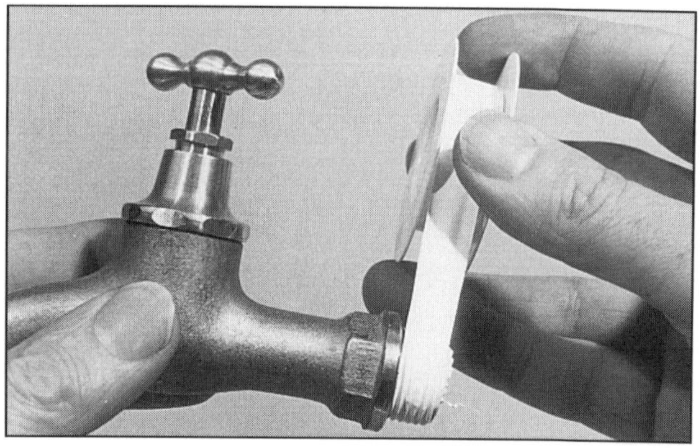

Zapfventil und Oberteile

Wasserhahndichtung auswechseln

Hierzu: Wasser abstellen S.7
Gewindedrehsinn S.24

Das Zapfventil – unser Wasserhahn – wie auch alle herkömmlichen Oberteile von Sanitärarmaturen haben Dichtungen, die die eigentliche Absperraufgaben übernehmen.

Tropft ein Wasserhahn, muß zumeist besagte Dichtung ausgewechselt werden.

Grundsätzlich ist es gleichgültig, an welcher Armatur ein derartiger Eingriff erfolgen soll. Das Grundprinzip ist immer gleich. Darum gelten diese Erläuterungen für alle herkömmlichen Oberteile entsprechend.

Verändern Sie die gezeigten und erläuterten Handgriffe bitte so, wie es Fabrikat und Ausführung Ihres Ventils erfordern.

Die Dichtung eines Wasserhahns, eines Zapfventils, ist am sogenannten Oberteil befestigt.

Um an diese Dichtung heranzukommen, müssen Sie das Oberteil aus dem Ventilkörper herausschrauben.

Dazu bitte das Ventil öffnen und das Oberteil mit einer Armaturenzange lösen.
(Lösen heißt nach links drehen.)

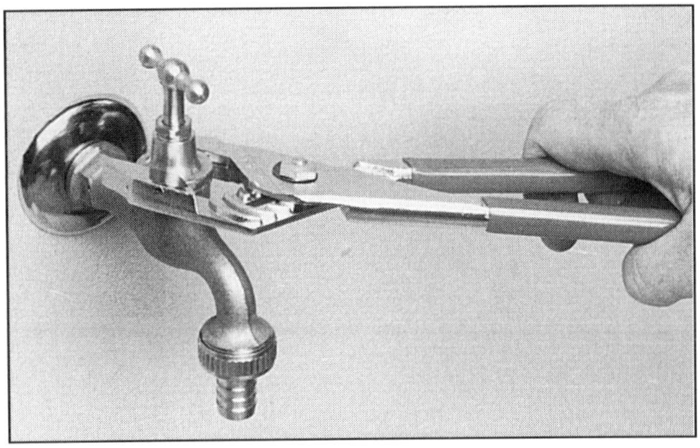

Es bereitet oft Schwierigkeiten, an das Oberteil eines Ventils heranzukommen, da es vom Handgriff überdeckt wird.
Bis auf ganz wenige Ausnahmen ist das aber immer möglich.

Hier wird die Befestigungsschraube von einem Deckel verdeckt.

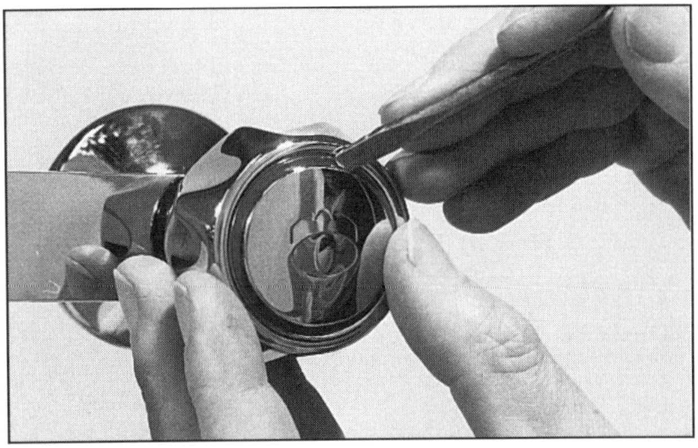

Deckel mit einem flachen Schraubenzieher anheben und entfernen.
Bitte vorsichtig hantieren.
Wenn Sie mit dem Werkzeug abrutschen, können Sie sich verletzen.

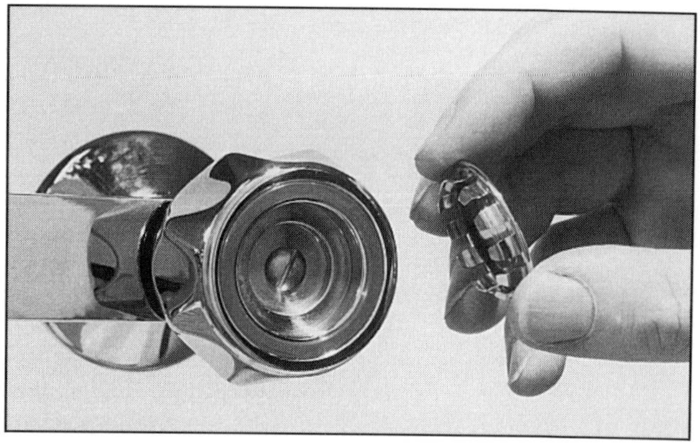

Die freigelegte Schraube herausdrehen.
Das Oberteil dabei festhalten.

Wenn Sie den Deckel entfernt haben und die Schraube herausgedreht ist, können Sie den Armaturengriff von der Spindel abziehen.
Der spätere Zusammenbau läuft entsprechend in umgekehrter Reihenfolge ab.
Achten Sie dabei bitte auf die Farbmarkierungen für warmes (rot) und kaltes (blau) Wasser.

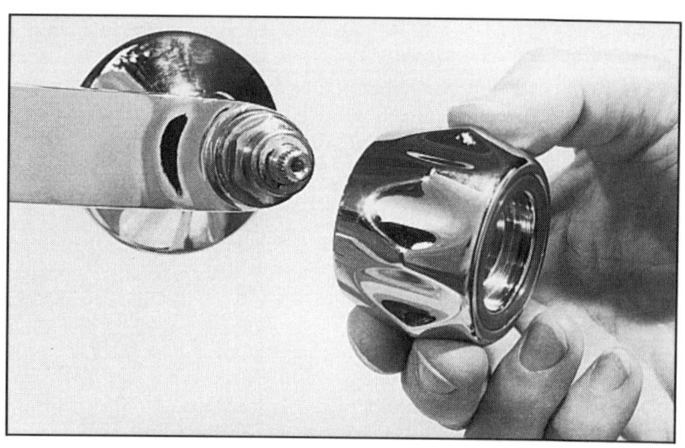

Bei einigen Modellen ist der Handgriff nur auf die Spindel aufgesteckt: mit einem mehr oder weniger kräftigen Ruck ist er abzuziehen.
Sonst versuchen Sie mal, ob nicht unter der Farbmarkierung eine Befestigungsschraube versteckt ist.

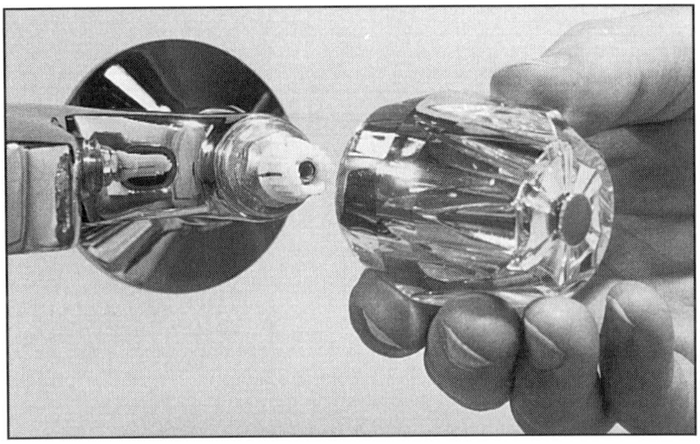

Das Armaturenoberteil ist freigelegt.
Sie können es nun mit einer Armaturenzange, einem passenden Schraubenschlüssel oder notfalls auch mit einer Pumpenzange lösen.

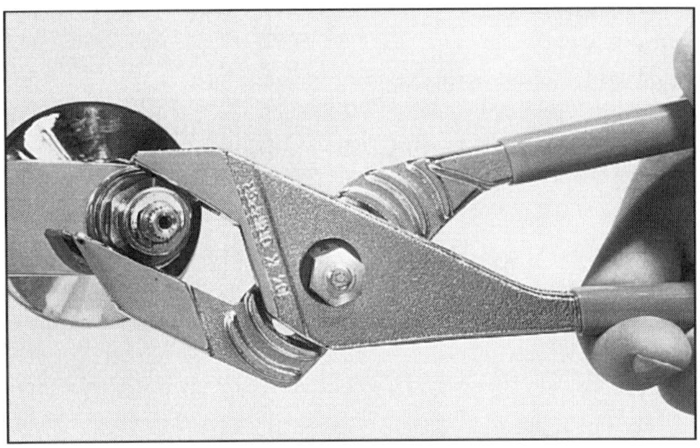

Richtige Werkzeughaltung schont das Werkzeug und erleichtert die Bedienung.

Greifzangen haben eine bestimmte Arbeitsrichtung. Die Zähne der Backen und die Hebelkraft der beiden Griffe sind nur optimal nutzbar, wenn die Zange in der richtigen Richtung eingesetzt wird.

Schauen Sie sich bitte die erste Abbildung der nächsten Seite an:

Eine Schraube soll gelöst werden, Drehrichtung also nach links. Nach links drehen heißt hier, entweder Maulschlüssel nach oben oder Zange nach oben. So ist die Arbeitsrichtung der beiden Werkzeuge richtig. Das Werkzeug unterliegt nur normalem Verschleiß.

Beim Festdrehen einer Schraube greifen die Werkzeuge wie auf der mittleren Abbildung der Seite 24 dargestellt.

Das Oberteil ist ausgebaut.
Die Dichtung wird hier durch eine Sechskantmutter gehalten. Halten Sie den Ventilteller mit einer Pumpenzange fest und lösen Sie die Schraube zum Beispiel mit einem Maulschlüssel.

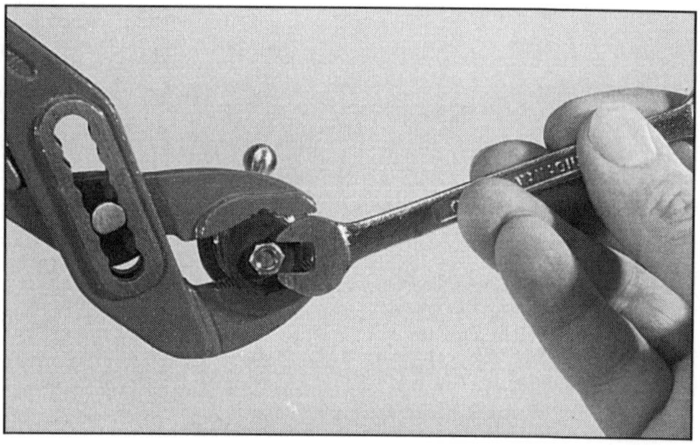

Auf- oder eingequetschte und festsitzende Dichtungen mit einem Schraubenzieher lösen und dann abnehmen.
Vorsicht walten lassen, denn so ein Werkzeug kann leicht abrutschen und die Hand verletzen.

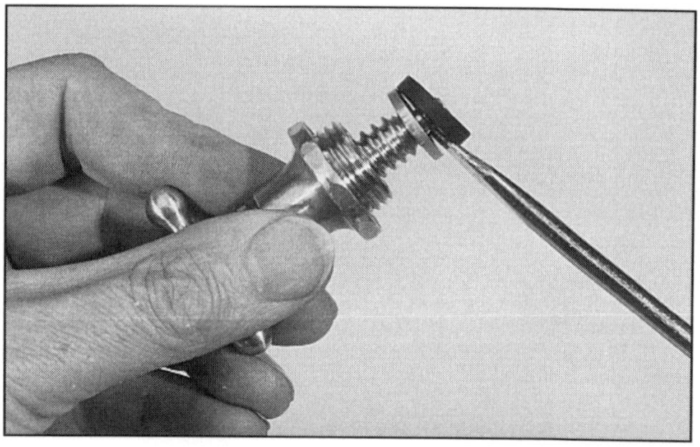

Nach dem Muster der ausgebauten Dichtung neues Exemplar wählen oder beschaffen und auf das Gewinde aufdrücken.
Wenn keine neue Dichtung zur Hand ist, können Sie die alte Dichtung umdrehen und nochmals benutzen. Vielleicht funktioniert sie dann noch eine Zeit.

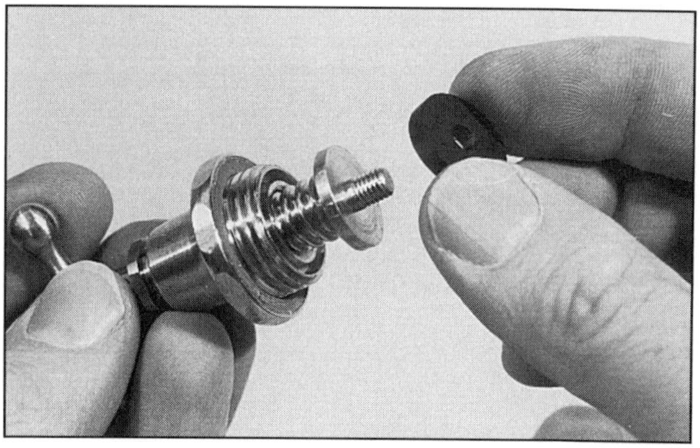

Die aufgedrückte Dichtung wieder mit der Schraube befestigen. Auch hier wieder auf die Arbeitsrichtung der Werkzeuge achten.

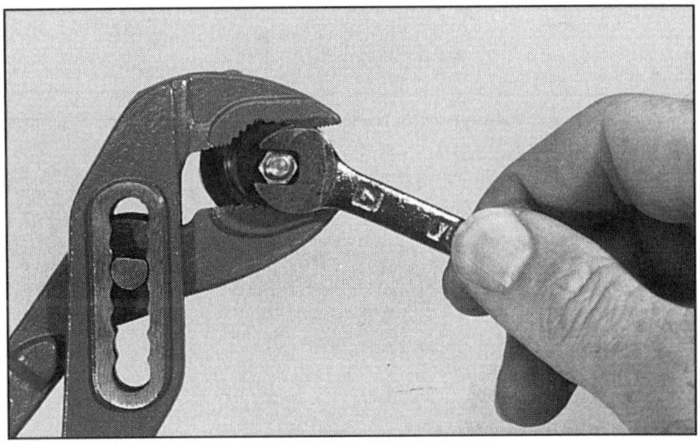

Vor dem Einbau des Oberteils das Gewinde der Spindel noch mit Armaturenfett schmieren.

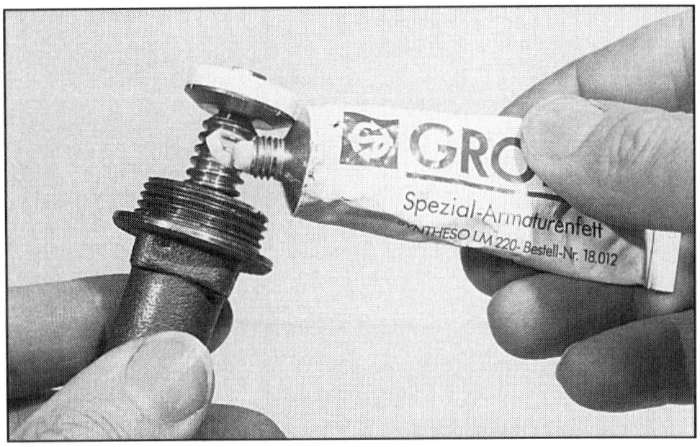

Zu kraftvolles Eindrehen des Oberteils in das Ventil kann das Gewinde beschädigen.

Bevor Sie das Oberteil wieder einbauen, ist die Dichtfläche von eventuellen Ablagerungen zu befreien. Nun können Sie das Oberteil wieder in das Ventil einschrauben.

Dabei achten Sie bitte darauf, daß Sie das Oberteil nur soweit einschrauben, wie Sie es mit Armaturenzange oder Schraubenschlüssel ohne besondere Kraftanstrengung noch bewegen können.

Bei zu kräftigem und festen Anziehen laufen Sie sonst Gefahr, das Gewinde zu beschädigen.

Der klassische Wasserhahn ist damit wieder einsatzbereit. Bei Ventilen, die von einem Handgriff verdeckt werden, montieren Sie nun noch den Armaturengriff in umgekehrter Reihenfolge des eben beschriebenen Ausbaus.

Dichtung an Unterputzventilen

Bei Arbeiten am Unterputzventil müssen Sie vorher an anderer Stelle das Wasser abstellen. (Siehe S.7)

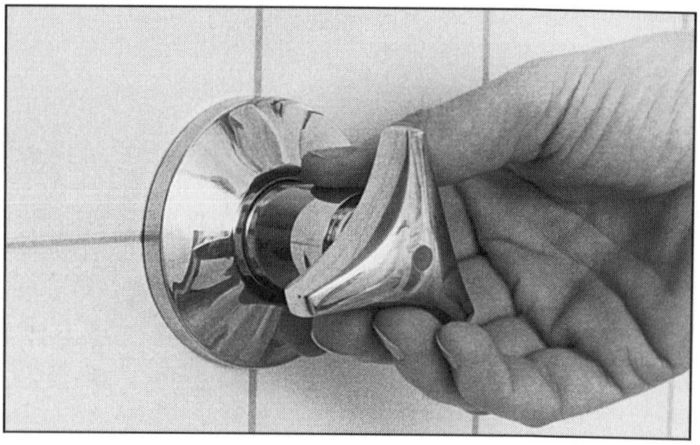

Unterputzventile werden meist als Zentralabsperrung von Naßräumen eingesetzt, aber auch als Einzelabsperrungen in Duschen und in der Zuleitung zu Wasch- und Spülmaschinen. Das Gehäuse ist unter dem Putz fest in die Rohrleitung eingebaut.

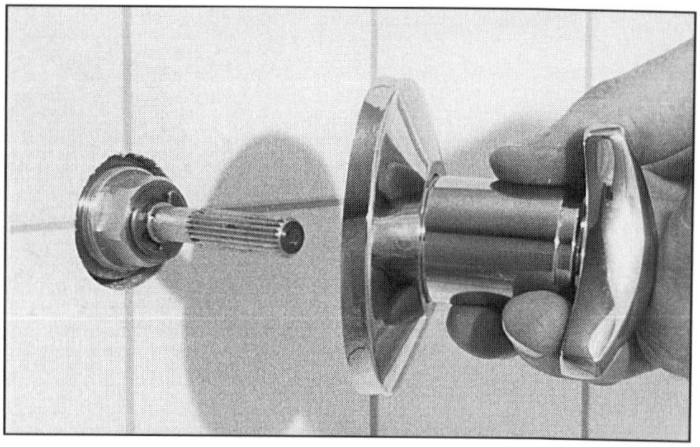

Das Oberteil ist ähnlich zugänglich wie bei jedem anderen Ventil.

Bei der hier gezeigten Ausführung sind Handgriff und Kappe miteinander, aber beweglich verbunden.

Sie fassen mit einem Maulschlüssel oder einer Armaturenzange die Kappe an den Abflachungen an und drehen die Einheit – Handgriff, Kappe und Rosette – nach links. Wenn es leicht geht, drehen Sie mit der Hand weiter, bis die ganze Einheit frei ist.

Das nun sichtbare Oberteil können Sie mit einer Zange fassen und aus dem Ventilgehäuse herausdrehen.
Nun können die Dichtungen wie beim Wasserhahn beschrieben ausgewechselt werden.
Auch hier vor dem Einbau den Ventilsitz auf Ablagerungen hin prüfen.

Stopfbuchse abdichten

Einfache Armaturen – wie Absperrventile und Zapfventile – haben meistens außenliegende Stopfbuchsen.
Die Stopfbuchse dichtet die Ventilspindel gegen das Gehäuse ab.
Wird ein Ventil oft betätigt, kann die Stopfbuchse undicht werden. Dann nehmen Sie einen Gabelschlüssel und ziehen die Stopfbuchsenmutter etwas nach.

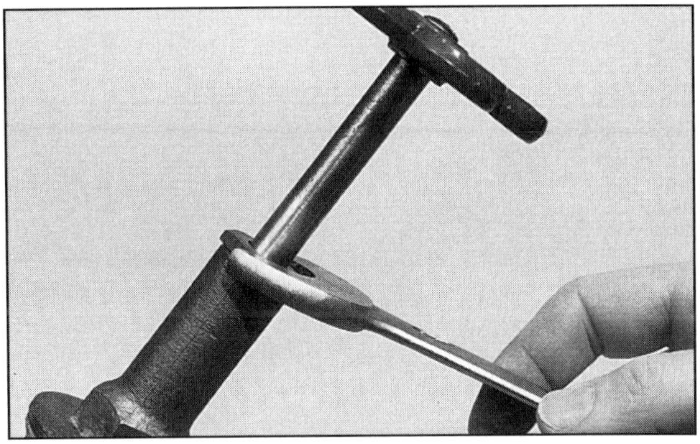

Hat man eine Stopfbuchse mehrmals nachgezogen, stößt der Mutternrand an das Gehäuse an. Somit ist ein weiteres Abdichten durch Nachziehen nicht mehr möglich.
Was tun? Wir müssen die Stopfbuchse also etwas nachpacken. Dazu nehmen Sie das Handrad ab, schrauben die Stopfbuchsenmutter ganz heraus und ziehen auch diese von der Spindel herunter.

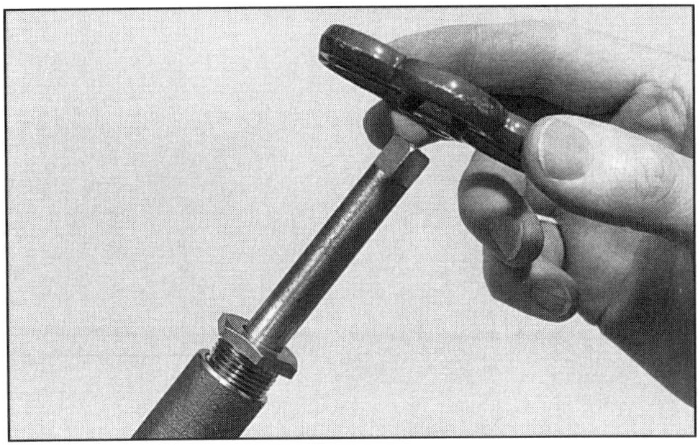

Zum Nachpacken der Stopfbuchse besorgen Sie sich aus dem Baumarkt oder vom Fachhandel etwas Graphit- oder Talgschnur und legen diese rechtsherum in den Raum zwischen Spindel und Gehäuse ein.
Dann die Mutter wieder eindrehen.

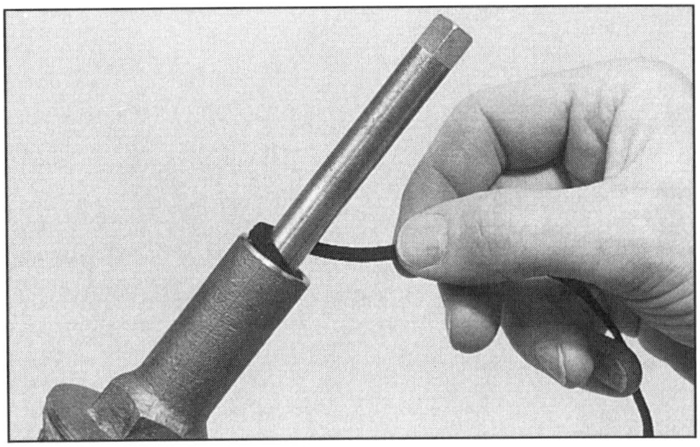

Ventilsitz ausfräsen

Hierzu: Wasser abstellen (S.7)
Oberteil des Zapfventils (S.27)

Manchmal ist ein Ventilsitz auch beschädigt, sei es durch eingeschleppte Steinchen oder Metallsplitter. Eine einwandfreie Abdichtung ist somit auf Dauer nicht mehr möglich: ein rauher Ventilsitz zerstört auch eine neue Dichtung in kürzester Zeit. Schon fängt der Wasserhahn wieder an zu tropfen.

Abhilfe kann hier mit einem Ventilsitzfräser geschaffen werden.

Wenn so ein Fräser erst gekauft werden muß, ist die Sache jedoch nur bei wertvolleren Armaturen lohnend.

Vielleicht können Sie auch von Ihrem Sanitärinstallateur leihweise einen solchen Fräser erhalten.

Mit dem Fräser lernen Sie nun ein weiteres Werkzeug für die Reparatur von Sanitärarmaturen kennen.

Zum Fräser gehören verschiedene Fräsköpfe.
Je nach Größe des Sitzes wird der entsprechende Kopf aufgeschraubt.
Die gerändelte Andruckschraube lösen, Fräser in das Ventilgehäuse einführen und das passende Gewinde einschrauben.

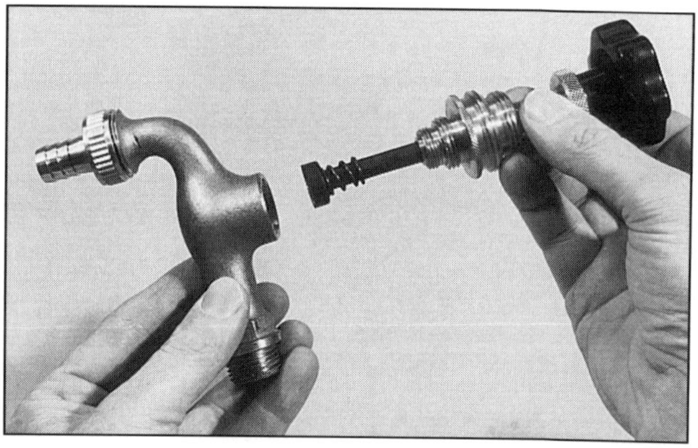

Zunächst nun die Andruckschraube, die über eine Feder den Fräskopf auf den Ventilsitz drückt, soweit eindrehen, bis ein leichter Widerstand spürbar wird.
Jetzt den Fräser im Uhrzeigersinn drehen.
Der Ventilsitz wird geebnet. Vielleicht nach der ersten Drehung die Andruckschraube noch etwas nachziehen.
Fräser herausdrehen, Sitz mit dem Finger prüfen. Eventuell den Vorgang wiederholen.

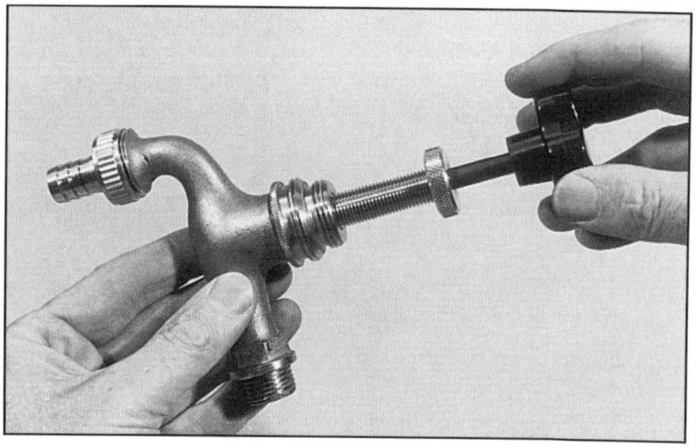

Luftsprudler ersetzen

Verschmutzte Luftsprudler, auch Perlatoren genannt, behindern den Wasserstrahl.
Zum Säubern oder Auswechseln mit einem Gabelschlüssel oder einer Armaturenzange den Einsatz lösen und mit der Hand herausdrehen.
Die Ablagerungen herausspülen.

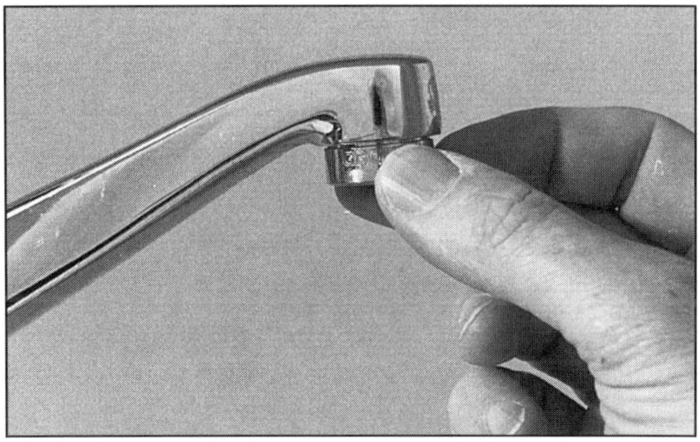

Eine Reinigung des Luftsprudlers innerhalb der verschiedenen Siebe ist nicht möglich.
Dann muß er ersetzt werden.
Nach dem Muster bitte einen neuen besorgen.
Bei einigen Fabrikaten ist der innere Einsatz einzeln erhältlich.

Den Luftsprudler mit der zugehörigen Dichtung versehen und wieder eindrehen.
Vorher das Wasser kurz ohne Einsatz laufen lassen.
Dadurch werden eventuell im Ventil vorhandene Schmutzteile ausgeschwemmt.

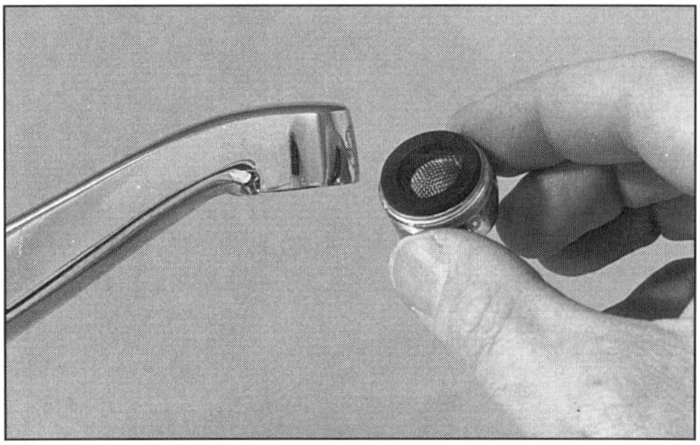

Geräteanschluß- und Gartenventil

Überall dort, wo die Gefahr besteht, daß sich verunreinigtes Wasser von außen in die Wasserleitung hineinsaugt, muß das Auslaufventil einen Rückflußverhinderer und einen Belüfter haben.

In der Hauptsache sind das die Zapfventile für den Garten, für die Wasch- und Spülmaschine und das Füllventil für die Zentralheizung.

Das Auslaufventil für den Garten hat innerhalb des Hauses noch ein Absperrventil mit Entleerung, damit das Ventil und die dazugehörige Leitung im Winter entleert werden können.

Dieses zusätzliche Absperrventil sieht dann so aus, wie die unten auf Seite 8 beschriebenen Absperrungen.

Hin und wieder sollten Sie den Rückflußverhinderer an dem Auslaufventil mal kontrollieren.
Dazu müssen Sie zunächst an das Ventil montierte Schläuche und Anschlüsse entfernen.
Danach können Sie den Einsatz vom Ventil abschrauben.
Auf der dem Ventil zugewandten Seite wird eine Scheibe sichtbar: das ist der Rückflußverhinderer.

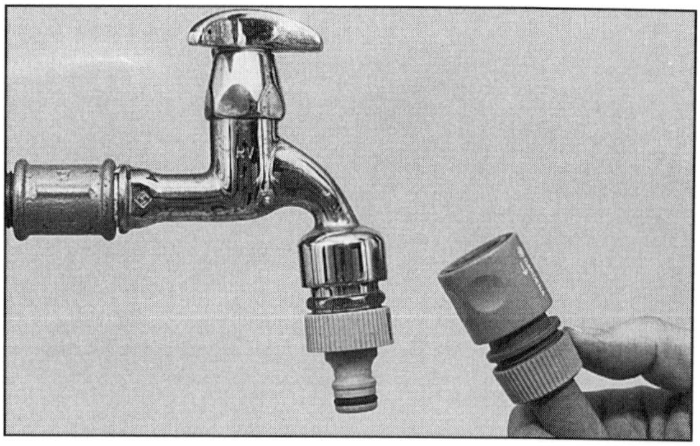

Wenn in der Leitung vor dem Auslaufventil ein Unterdruck entsteht, geht diese Scheibe hoch und schließt das Auslaufventil oben ab. Gleichzeitig wird dadurch ein Weg freigegeben, daß Luft durch die am Rand sichtbaren Löcher eintritt. So kann sich das Wasser, das sich im angeschlossenen Schlauch befindet, auslaufen. Der Unterdruck ist gebrochen. Es tritt keine Verschmutzung der Rohrleitungen ein.

Also, den Rückflußverhinderer herausziehen, reinigen, Dichtungen kontrollieren und auf Leichtgängigkeit achten.
Eventuell etwas Armaturenfett aufgeben.

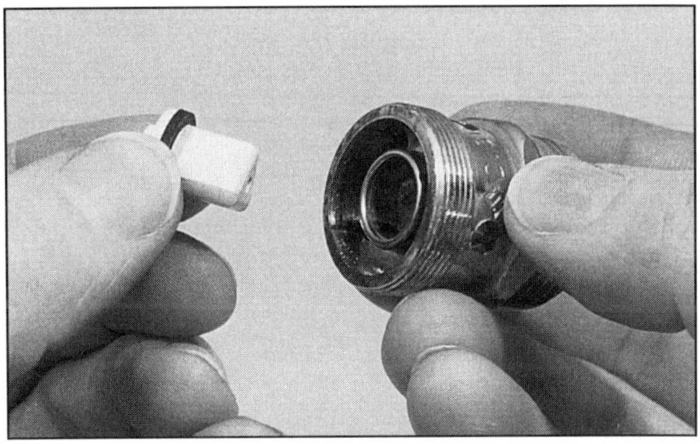

Waschtisch, Spülbecken, Bidet

Waschtisch, Spülbecken und Bidet (Sitzwaschbecken) sind in ihrem Aufbau und in der Armaturenausstattung ähnlich. Stellvertretend für Spülbecken und Bidet werde ich alle Arbeiten am Waschtisch beschreiben.
Bei den Armaturenausführungen beziehe ich mich nur auf die gebräuchlichsten. Sie wissen ja schon, was Sie mit den vielfältigen Varianten dieser Armaturen machen: probieren, Ähnlichkeiten ausmachen und auch mal bei den Badewannenarmaturen nachschauen (ab S.105).

Schwenkauslauf abdichten

Hierzu: Oberteil des Zapfventils (S.27)

Um gefahrlos an die Überwurfmutter des Schwenkauflaufs heranzukommen, ziehen Sie zunächst die Griffe der Oberteile ab.
Nun ist Platz für das Werkzeug.

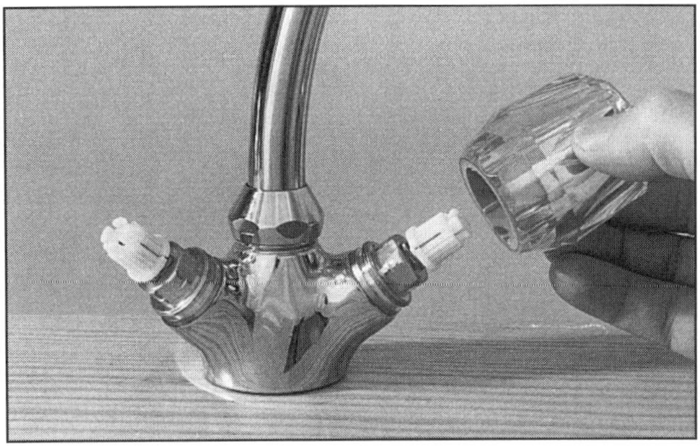

Mit einem Gabelschlüssel oder einer Armaturenzange die Überwurfmutter lösen und mit der Hand gänzlich abschrauben. Oft sind die Ausläufe auch durch Inbusschrauben oder eingedrückte Halbringe befestigt.

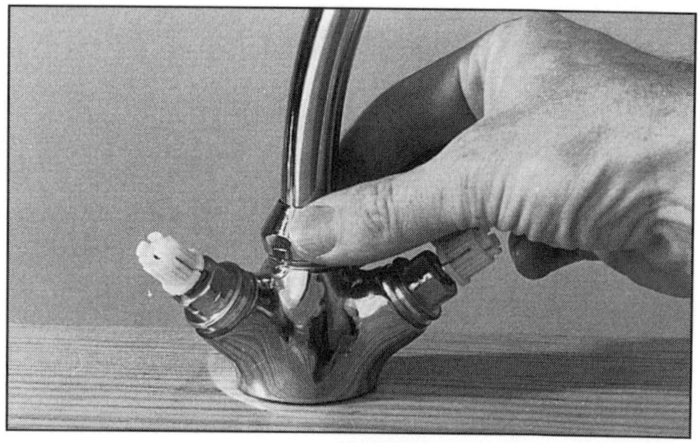

Auslauf herausziehen. Wenn Kalk- und Schmutzablagerungen im Dichtungsbereich vorhanden sind, muß man manchmal sanfte Gewalt anwenden, um den Auslauf herauszubekommen.

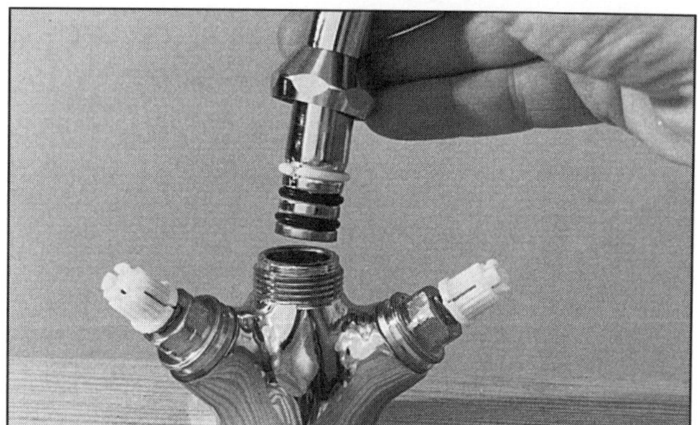

Dichtungen auswechseln und Sitze reinigen.
Den Dicht- und Drehbereich noch mit Armaturenfett bestreichen und dann wieder den Auslauf montieren.

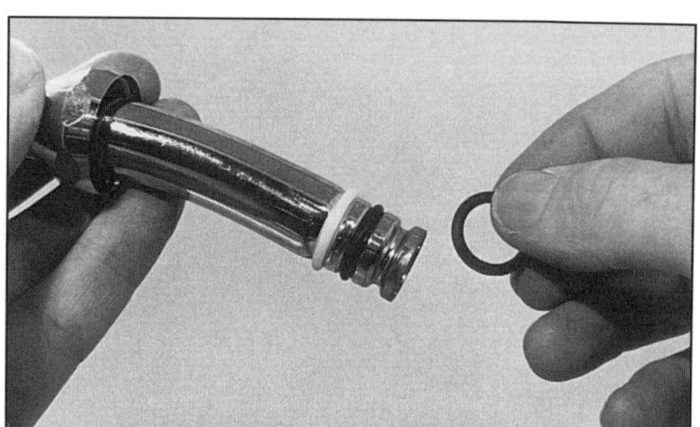

Einhebelmischbatterie reparieren

Hierzu: Wasser abstellen (S.7)

Eigentlich geht am Einhebelmischer nur die Kartusche kaputt. Die Arbeitsfolgen zum Ausbau richten sich natürlich wieder nach Fabrikat und Ausführung.
Hier zuerst den Deckel abschrauben.

Zunächst Hebel und Lagerteile entfernen.
In der Reihenfolge des Ausbaus bitte alles nacheinander beiseite legen.
Dann klappt der Einbau auch wieder richtig.

Mit einem 22 mm Ring- oder Steckschlüssel die Befestigungsschraube lösen und ganz herausdrehen.

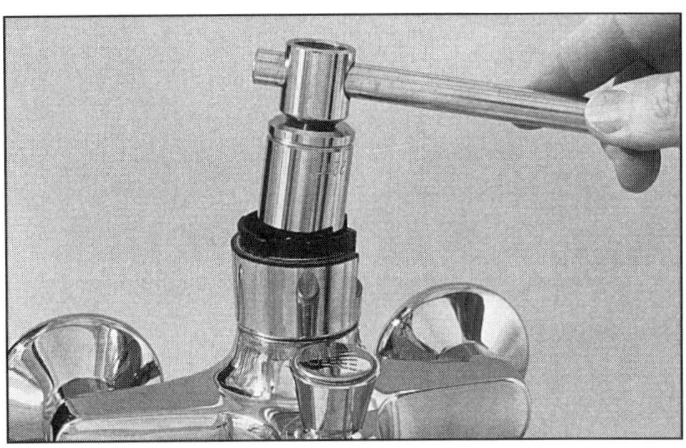

Nun ist das Oberteil frei und kann entfernt werden.
Die Kartusche ist sichtbar.

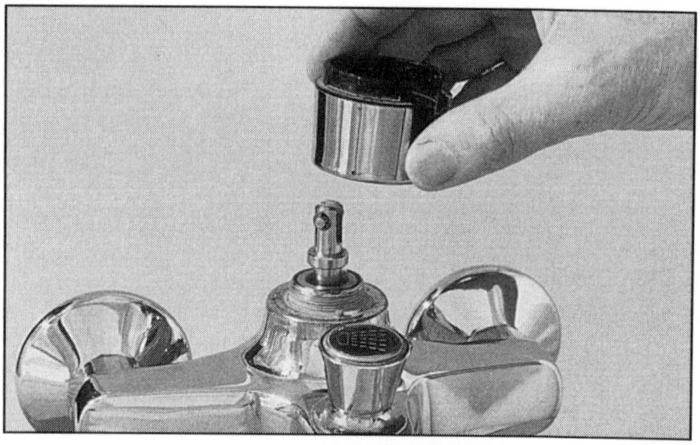

Die Kartusche senkrecht nach oben herausziehen.
Kalk- und Schmutzteile können das Herausziehen etwas erschweren.

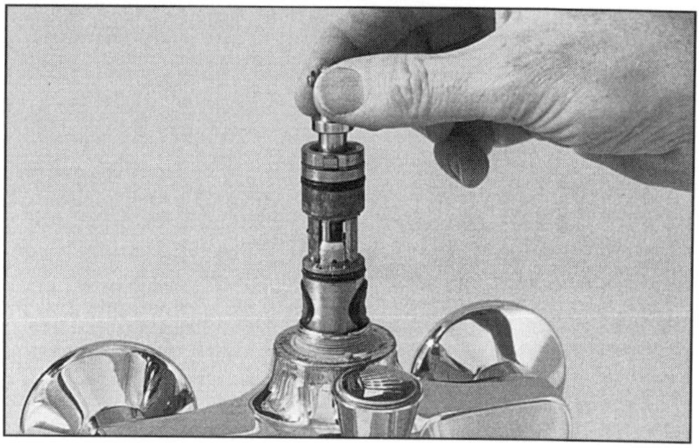

Nach dem Muster der ausgebauten Kartusche eine neue beschaffen.
Neue Kartusche mit Armaturenfett bestreichen und alles wieder einbauen.

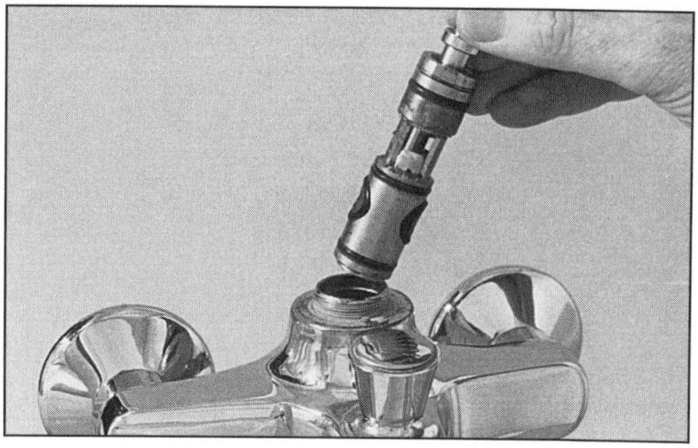

Geruchverschluß reinigen

Ein Flaschengeruchverschluß muß gereinigt werden.
In der Tasse und etwas darüber steht Wasser.
Also bitte einen Behälter darunterhalten.

Zuerst die Tasse abschrauben. Achten Sie beim Ausbau aller Teile auf die Dichtungen.

Je nach Verschmutzungsgrad sind noch weitere Teile des Geruchverschlusses zu demontieren.
Sie können getrost alle Verschraubungen lösen.

Tassenoberteil und Tauchrohrverlängerung, das ist hier der weiße Kunststoffeinsatz, nach unten wegziehen.

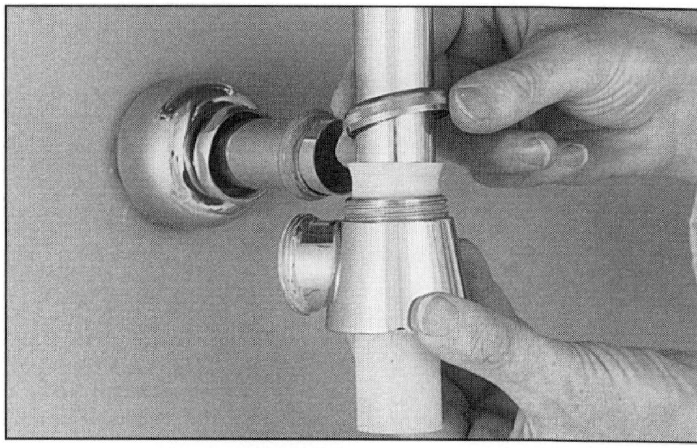

Auch das letzte Rohrstück kann oben am Becken, am Ablaufventil gelöst werden.
Meistens sind die Überwurfmuttern nicht einfach mit der Hand zu drehen.
Bitte dann Pumpenzange mit weicher Zwischenlage benutzen.

Der Geruchverschluß kann auch in einem Stück demontiert werden.
Dazu die oberste und die abgehende Überwurfmutter lösen.

Nach dem Lösen das Rohr entfernen.
Auch hier auf die Dichtungen achten.

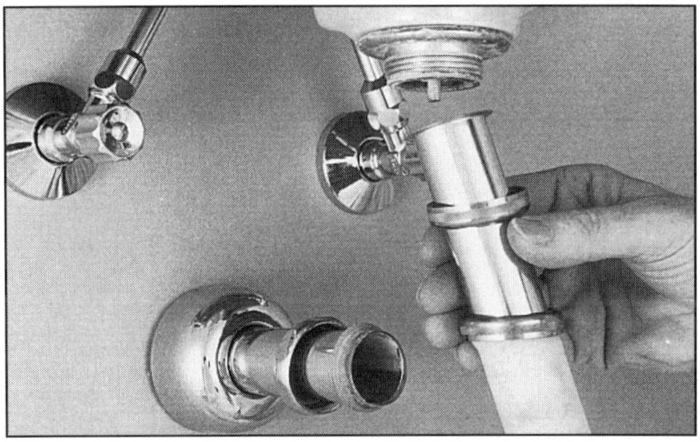

Vor dem Zusammenbau noch das abgehende Rohr auf Ablagerungen hin kontrollieren und Schmutzreste entfernen.

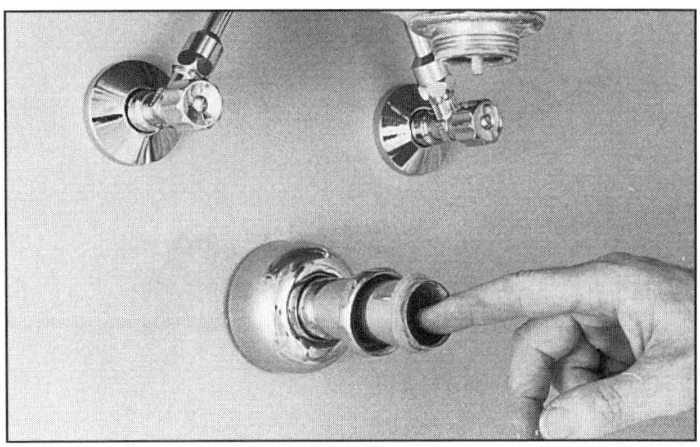

Alle Dichtungen prüfen und reinigen, dann den Geruchverschluß wieder zusammenbauen.

Standbatterie auswechseln

Hierzu: Wasser abstellen S.7
Rohre trennen S.11
Entgraten S.12
Luftsprudler S.35

Die meisten Batterien sind mit einer Mutter von unten am Becken befestigt.
Weil es dort so eng ist, benötigt man ein spezielles Werkzeug, um hier vernünftig arbeiten zu können – den Standhahnschlüssel. (Auf Seite 6 ist dieser Standhahnschlüssel einmal in der Gesamtsicht abgebildet.)
Mit etwas Geduld können die Muttern notfalls jedoch auch mit einer Pumpenzange bewegt werden.
Bitte wundern Sie sich nicht, daß die Batterie statt auf einem Waschbecken auf einem Wandbord montiert ist.
Um die Situation unter einem Waschbecken, einer Spüle oder einem Bidet deutlicher darstellen zu können, habe ich das Waschbecken gegen so ein Bord eingetauscht.

Der Standhahnschlüssel hat zwei Arbeitsrichtungen, einmal zum Lösen und einmal zum Andrehen der Mutter.
Dazu das Oberteil bitte entsprechend drehen.

Den Standhahnschlüssel mit einer Hand an der Mutter führen. Mit der anderen Hand die drehende Bewegung ausführen und Mutter lösen. Mutter mit der Hand ganz abdrehen.

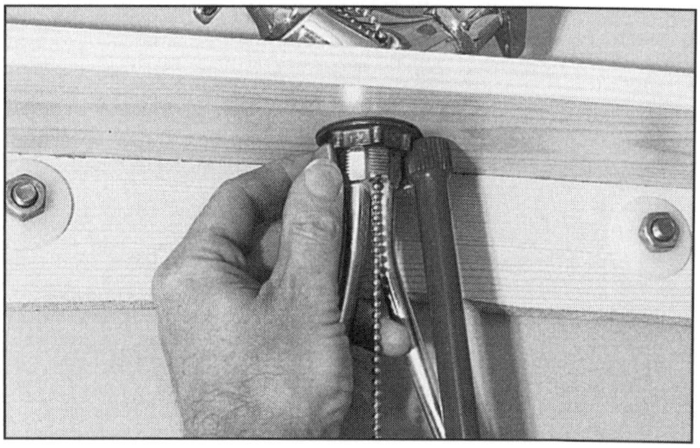

Bevor Sie die Verschraubung am Eckventil lösen, muß das Ventil zugedreht werden. Soll das Eckventil selbst ausgebaut werden, müssen Sie das Wasser an einer anderen Stelle absperren.

Verschraubung also lösen und einschließlich der Dichtung hochziehen.

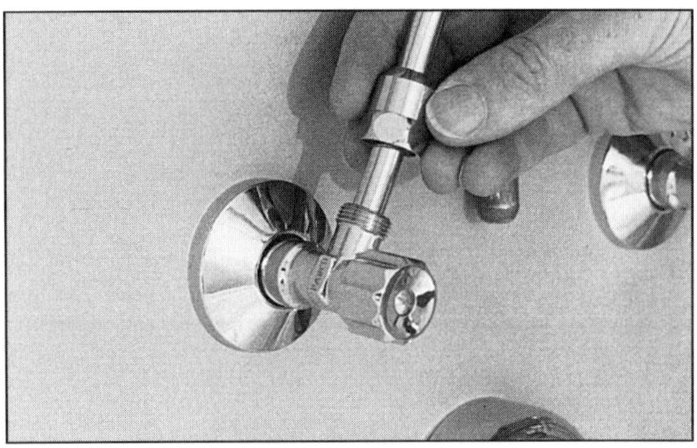

Mischbatterie oben anheben und damit die Röhrchen aus den Eckventilen herausziehen.
Die Röhrchen dann zusammenbiegen und die Batterie nach oben aus dem Waschbecken herausziehen.
Danach noch das Durchführungsloch säubern.

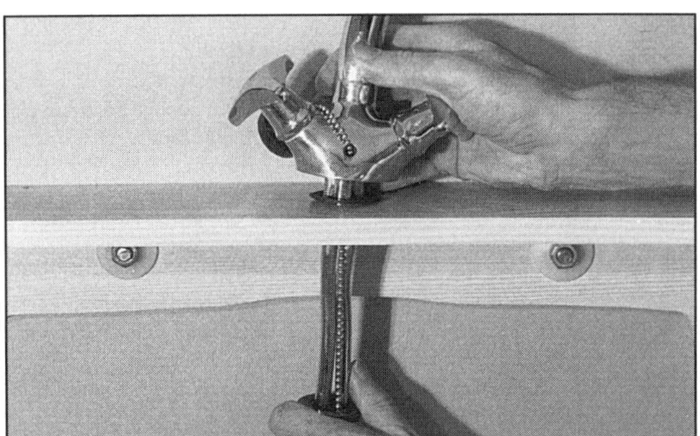

Die neue Mischbatterie von oben in das Loch des Waschbeckens einführen.
Die zugehörige Dichtung nicht vergessen. Oben liegt immer die beigefügte weiche Dichtung.

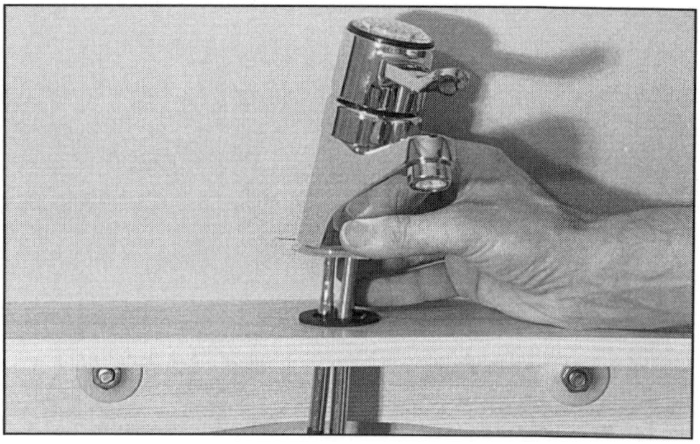

Die Röhrchen so biegen, daß sie an die Eckventile anstoßen.
Viele Installateure biegen jedes Röhrchen zweimal um etwa 90 Grad.
Dann steht der Eckventilanschluß senkrecht nach oben. Das ist aber nicht erforderlich. Ein sanfter Bogen mit seitlich stehendem Ventilanschluß ist ebenso fachmännisch und viel einfacher herzustellen.

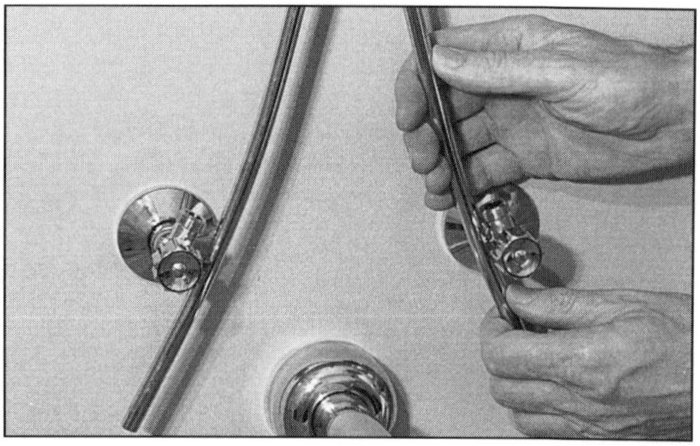

Mit einem Filzstift die Röhrchen dort anzeichnen, wo sie dann passend abgeschnitten werden müssen.
Zum Trennen der Röhrchen müssen Sie nun wieder die Batterie aus dem Becken herausnehmen.

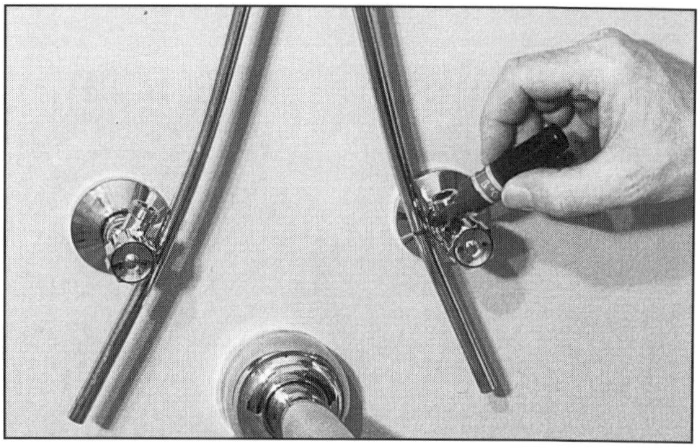

Sie können die Röhrchen mit einer Metallsäge oder mit dem Rohrabschneider entsprechend kürzen.
Denken Sie daran, die Röhrchen danach zu entgraten.

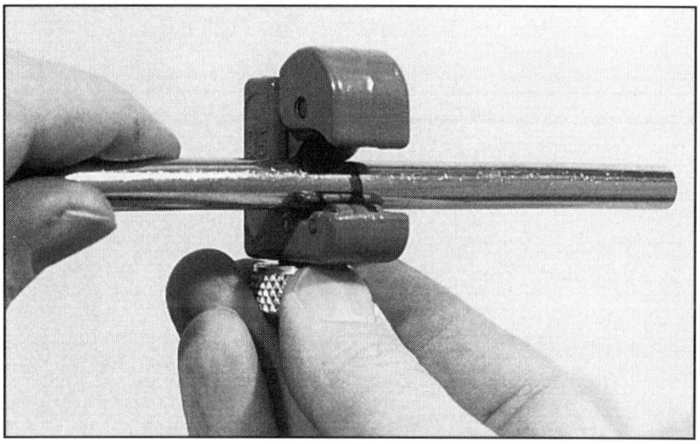

Dichtungs- und Verschraubungsteil des Eckventils auf das Röhrchen aufschieben, die Batterie leicht anheben und Röhrchen einführen.
Diese Arbeit möglichst an beiden Eckventilen gleichzeitig ausführen.

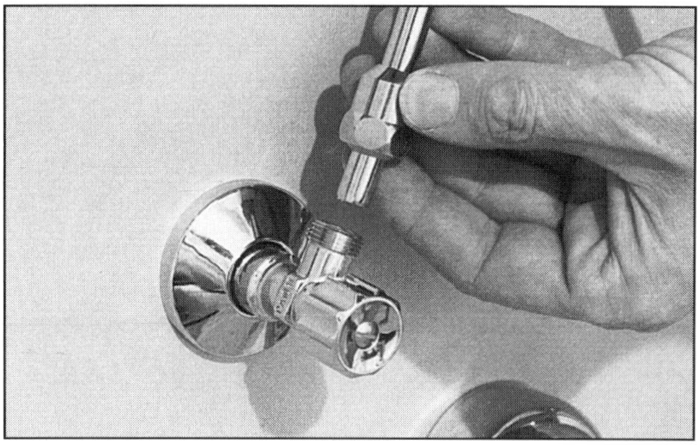

Mischbatterie oben am Waschtisch anschrauben. Je nach Ausführung mit Dichtung und Mutter oder Langmutter und Gegenplatte wie hier im Beispiel. Danach Überwurfmuttern der Eckventile anziehen.
Bevor Sie das Wasser wieder anstellen, schrauben Sie bitte den Luftsprudler am Auslauf heraus. Nun das Wasser anstellen und Fremdkörper ausspülen. Zuletzt den Luftsprudler wieder einsetzen.

Waschtisch erneuern

Hierzu: Wasser abstellen S.7
Arbeiten am Geruchverschluß S.41
Standbatterie auswechseln S.44

Das Bad modernisieren heißt, ihm durch neue Objekte ein modernes Gesicht geben.

Der Waschtisch bildet mit seinen Armaturen, Standbatterie und Geruchverschluß, eine Einheit. Wenn nun ein Waschtisch erneuert werden soll, müssen auch das Mischventil und der Geruchverschluß zunächst demontiert werden. Eine spätere Wiederverwendung ist für beides in den überwiegenden Fällen möglich.
Wie eine Mischbatterie erneuert wird, habe ich schon beschrieben. Im Zusammenhang mit der Erneuerung des Waschtisches werde ich dann erläutern, wie ein Geruchverschluß mit Einlaufventil ausgebaut und durch neue Teile ersetzt wird.
Wollen Sie einen Ablauf mit Metallstopfen und Exzenterbetätigung verwenden, ist das nur in Verbindung mit der Standbatterie möglich.

Zur Demontage des vorhandenen Waschbeckens lösen Sie die Verschraubungen am Geruchverschluß, wie auf Seite 41 beschrieben.

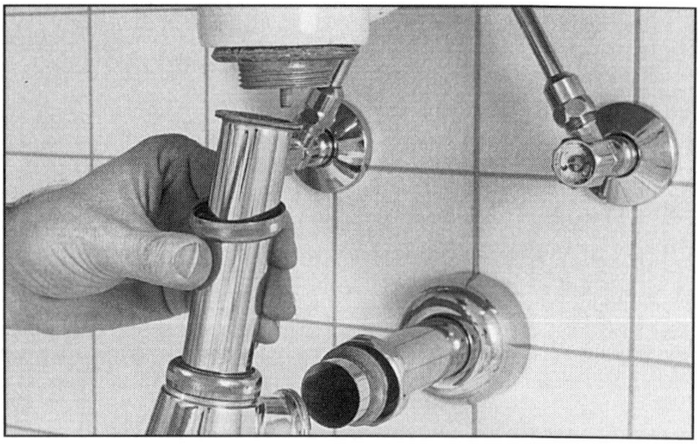

Den Wandanschluß des Geruchverschlusses aus der Dichtung herausziehen.

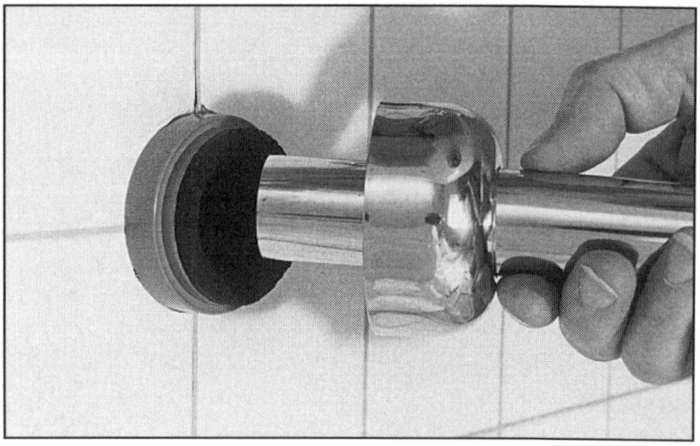

Waschtisch demontieren

Nun müssen Sie die Anschlüsse an den Eckventilen lösen (siehe Seite 45).
Die Überwurfmutter ganz abschrauben und den Dichtungsring aus seiner Verquetschung mit dem Ventil lösen. Dann geht das Abheben später leichter.

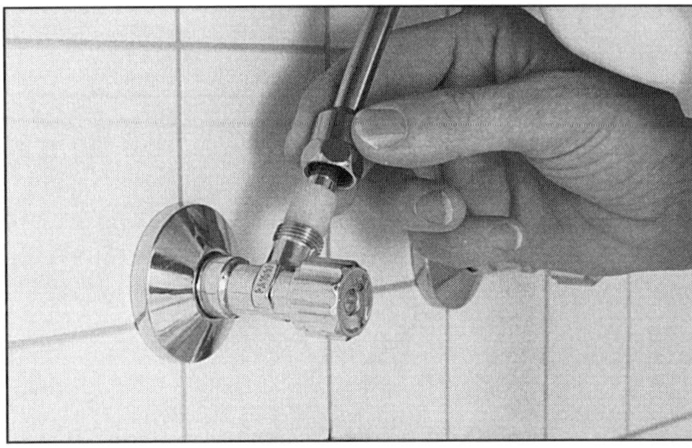

Das Waschbecken kann auf Laschen aufgehängt oder mit Schrauben befestigt sein.
Im ersten Fall ist das Waschbekken jetzt bereits nach oben abhebbar.
Sonst mit dem Maulschlüssel unter das Becken fahren ...

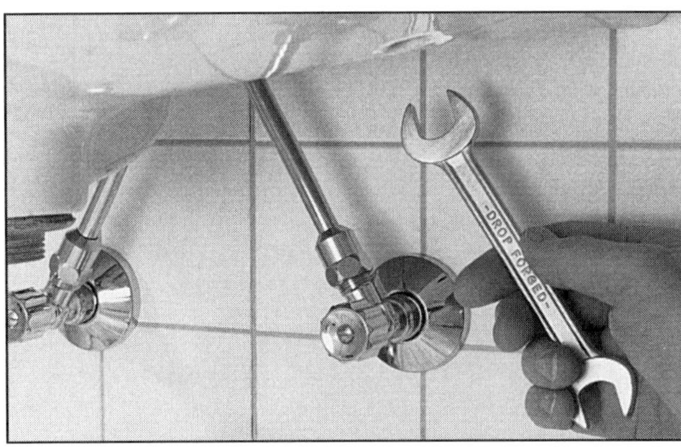

... und die Schrauben lösen.
Das Modell zeigt die Situation an der Beckenbefestigung.
Das Becken bitte festhalten, da es sonst herunterfallen kann.
Besser geht es, wenn Sie hier zu zweit arbeiten. Einer hält, einer schraubt.

Neuen Waschtisch montieren

Nachdem Sie den Geruchverschluß und die Batterie von den Anschlüssen gelöst haben, sowie die Befestigungsmuttern nun entfernt sind, können Sie den Waschtisch abheben.

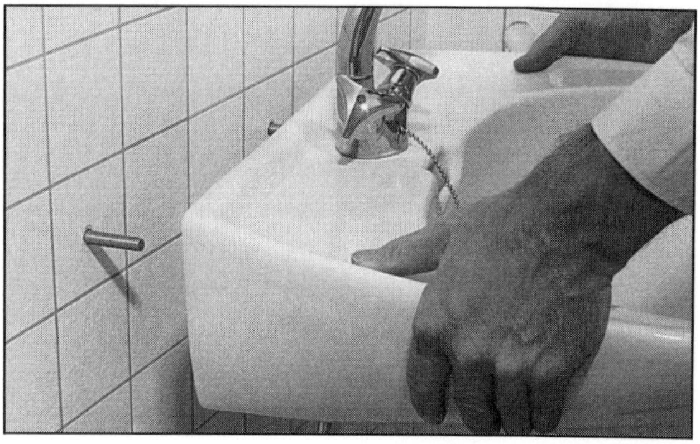

Vor der Montage eines neuen Waschbeckens muß der vorhandene Fliesenspiegel gereinigt werden.
Sicher ist es sinnvoll, neben dem eigentlichen Austausch des Waschtisches, auch die zugehörigen Armaturen zu ersetzen. Im dargestellten Fall ist es so praktiziert worden, lediglich der Geruchverschluß wurde beibehalten.
Wenn Sie ein größeres oder kleineres Waschtischmodell gewählt haben, ist dessen Anschluß meist nicht problematisch. Dann sind in aller Regel nur die Befestigungen zu änderen. Dies gilt auch, wenn der alte Waschtisch auf Laschen aufgehängt war und der neue auf Stockschrauben kommt. Zu überprüfen wäre allenfalls, ob die Höhe der Waschtischkante noch den heutigen Vorstellungen entspricht: 850 mm wären sinnvoll.

Zur Eindichtung des Geruchverschlusses in die Abwasserleitung wird eine neue Dichtung eingesetzt. Hier mit den Abmessungen 30 mm für den Geruchverschluß und 50 mm für das Abwasserrohr. Die alte Dichtung entfernen und mit einem Lappen das Muffeninnere gründlich reinigen.
Bitte passende Dichtung wählen.

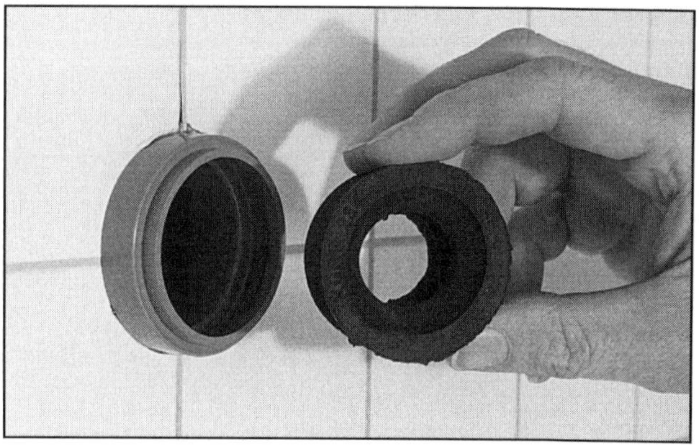

Ablaufventil ausbauen

Wenn Sie das alte Ablaufventil wieder benutzen wollen, müssen Sie es aus dem vorhandenen Waschtisch ausbauen.
Bei diesem Ventil sind Ober- und Unterteil mit einer Schraube verbunden. Schraube bitte lösen.
Eine Wiederverwendung ist natürlich nur möglich, wenn die neue Standbatterie nicht als Exzentermodell, wie ab S.66 beschrieben, gewählt wird.

Ablaufventil mit einem Schraubenzieher vorsichtig lösen und abheben.
Kittreste vom Rand entfernen.

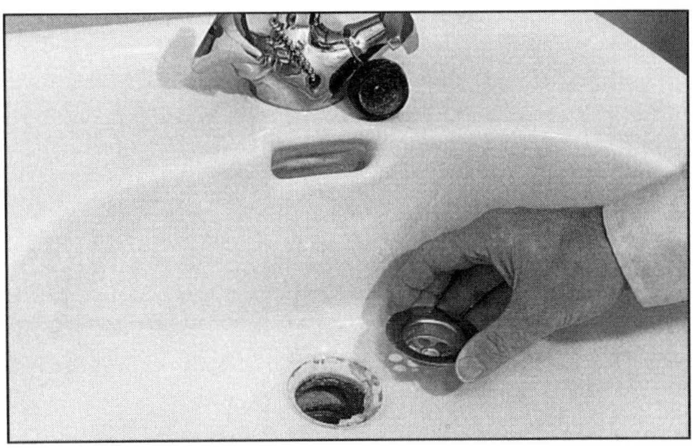

Becken umdrehen und Unterteil am Waschtisch abnehmen.
Alles gründlich reinigen.
Bei einer Wiederverwendung benötigen Sie unten eine neue Dichtung.

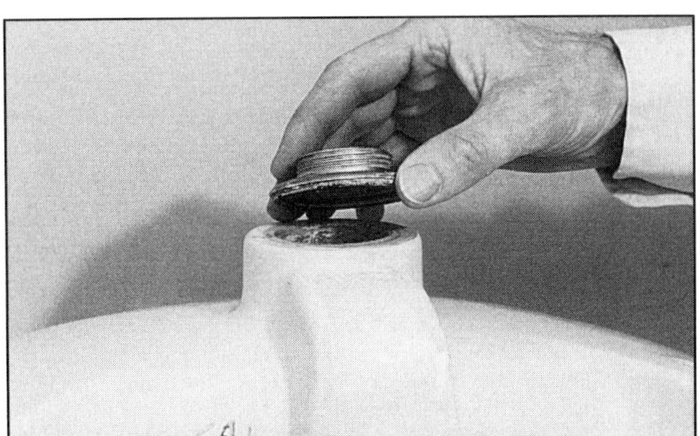

Um zu erkunden, ob die Befestigungslöcher des Waschtisches auf die vorhandenen Stockschrauben passen, messen wir zunächst den Lochabstand am neuen Waschtisch. Dies am besten von Mitte Loch zu Mitte Loch.
Hier im Beispiel sind es 28 cm.

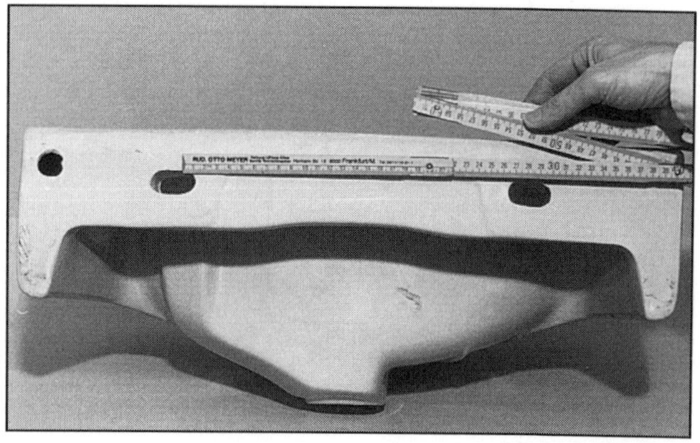

Nun messen wir den Abstand der vorhandenen Stockschrauben und stellen auch hier 28 cm fest. Was ist, wenn das Maß nicht gleich ist? Dann versetzen wir die Schrauben oder verwenden ein neues Paar.

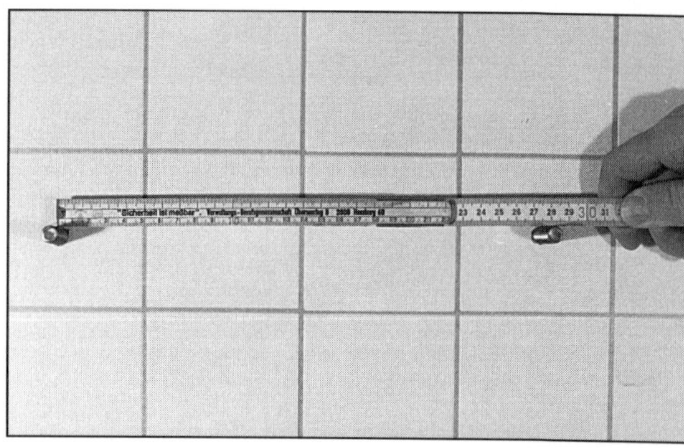

Wir nehmen an, die Schrauben passen nicht.
Dann drehen wir sie zunächst einmal heraus.
Das geht mit einer Pumpenzange, manchmal auch mit einem Maulschlüssel, wenn ein entsprechend flaches Stück in der Mitte der Schraube eingeformt ist.

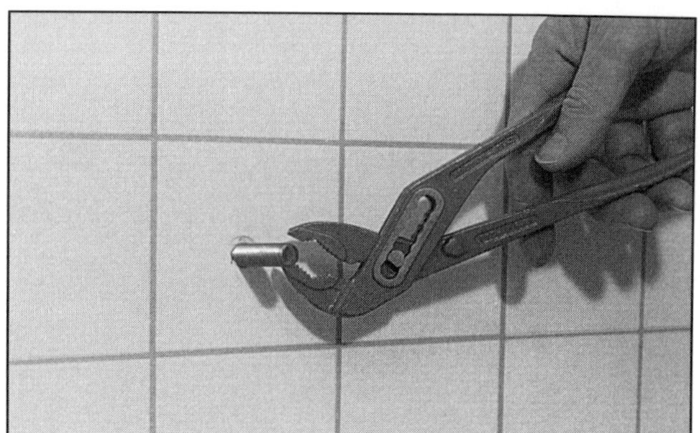

Das erforderliche Maß vom neuen Waschtisch auf die Wand übertragen und anzeichnen.
Bei Fliesen können Sie die Glasur vor dem Bohren mit einem Körner leicht beschädigen, damit der Bohrer besser faßt.
Oder Sie kleben vorher ein Klebeband kreuzweise auf, um so ein Abrutschen des Bohrers zu verhindern.

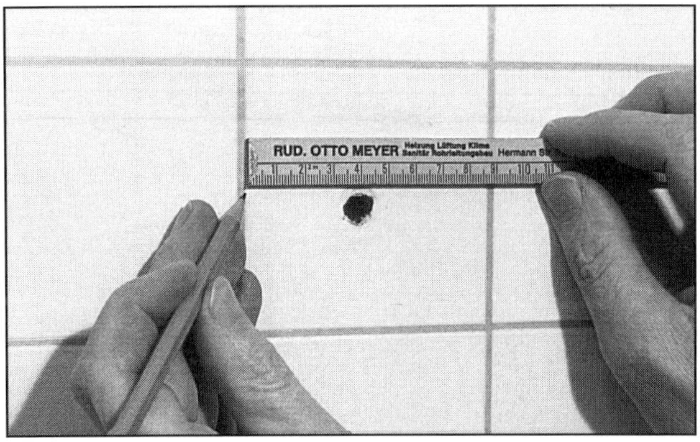

Mit einem dem Dübel entsprechenden Durchmesser bei niedriger Drehzahl das Loch bohren.
Die Bohrtiefe soll gleich Schraubenlänge sein.

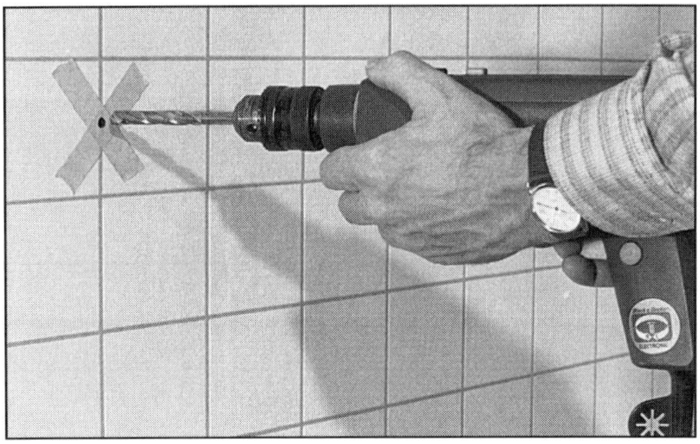

Nun Dübel in das Bohrloch einsetzen.

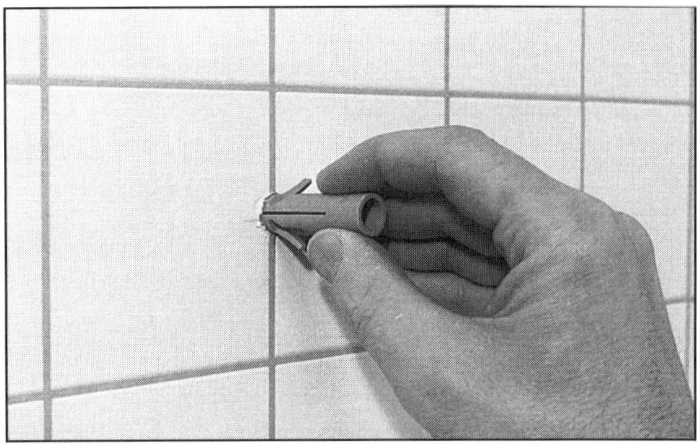

Das ist eine Stockschraube.
Vorne hat sie ein Holzgewinde, hinten ein metrisches.
Dazwischen befindet sich zumeist ein glattes Stück, um mit der Zange anfassen zu können.
An diesem Musterstück fehlt zwischen Mutter und Kunststoffteil noch die Unterlegscheibe.
Diese Stockschrauben bekommt man komplett als Satz.
Ein Zusammenstellen aus Einzelteilen ist nicht erforderlich.

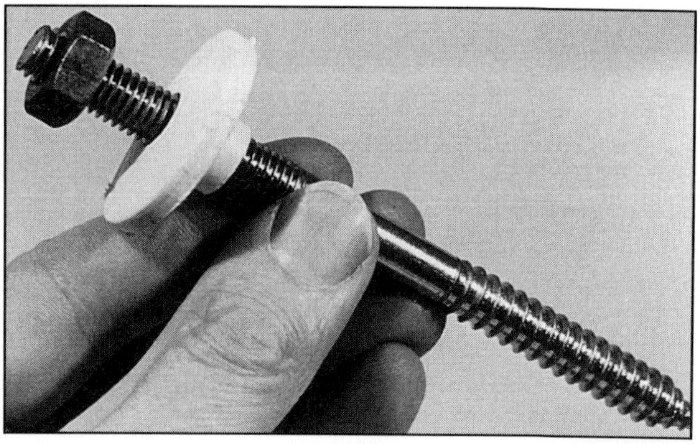

Die Stockschraube nun mit der Pumpenzange in den Dübel drehen.
Dazu am Waschtisch die erforderliche Gewindelänge feststellen.
Berücksichtigen Sie dabei bitte die Kunststoffscheibe, die Mutter und noch etwa 5 mm Gewinde.

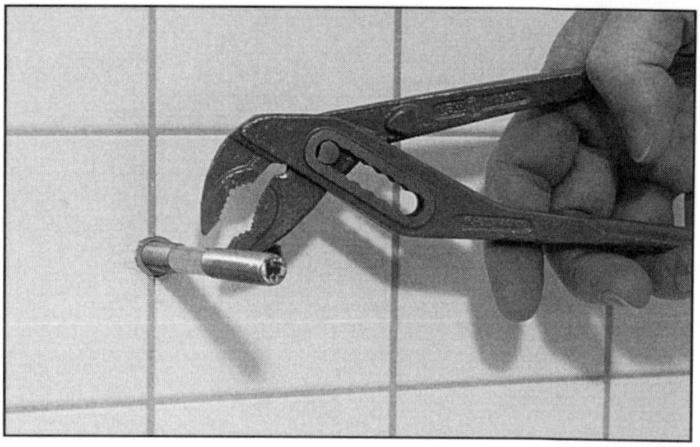

Nun können Sie den neuen Waschtisch auf die Stockschrauben aufschieben.
Dann braucht man drei Hände: Waschtisch festhalten, Scheiben und Muttern auf das Gewinde setzen und anziehen.
Vielleicht ist ja jemand da, der den Waschtisch an die Wand drückt.
Mit dem Maulschlüssel dann noch die Muttern anziehen.

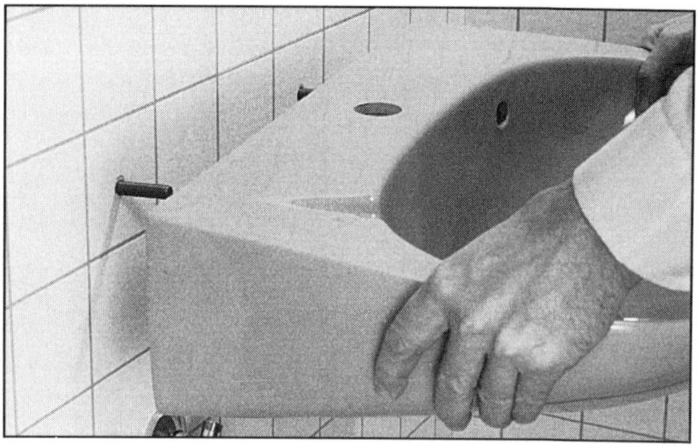

Mischbatterie einbauen

Der Waschtisch ist nun befestigt. Jetzt heißt es, noch die Mischbatterie und das Abwassersystem zu montieren.

Im modernen Bad sind die Stopfen der Abwassereinrichtung aus Metall und von oben, von der Mischbatterie aus zu betätigen.

Im Regelfall kaufen Sie dann ein komplettes System: Mischventil und Abwasserarmatur, jedoch ohne Geruchverschluß. So ist es auch im vorliegenden Fall.

Darum habe ich den alten Geruchverschluß wieder benutzt, er war noch gut erhalten.

Ich möchte noch einmal feststellen, daß die im Zusammenhang mit dem Waschtisch dargestellten Arbeitsabläufe auch auf andere Sanitärarmaturen und -objekte übertragbar sind.

Die Mischbatterie von oben in das Loch des Waschtisches einführen. Die Dichtung nicht vergessen: oben liegt immer die beigefügte weiche Dichtung, damit kein Wasser durchlaufen kann.

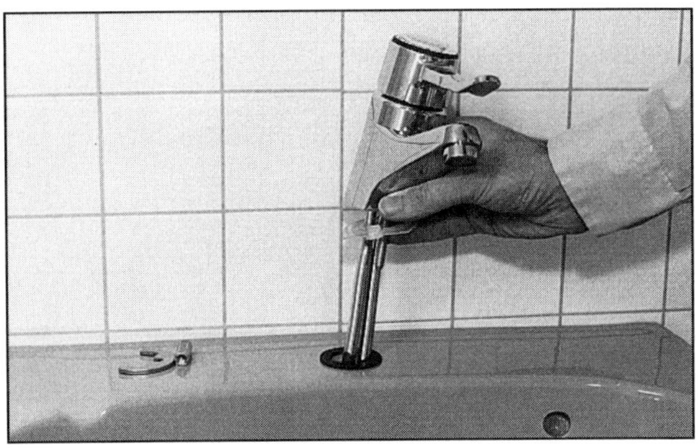

Bevor Sie die Mischbatterie fest mit dem Waschtisch verschrauben, denken Sie bitte daran, die Batterieröhrchen noch mit den Eckventilen zu verbinden, wie auf Seite 46 beschrieben.

Mischbatterien werden von unten mit dem Waschtisch verschraubt.

Die Mischbatterien für den Waschtisch, für das Sitzwaschbecken und für die Küchenspüle werden von unten verschraubt. Dieses kann erstens durch eine wirkliche Gewindemutter erfolgen. Dazu hat dann die Batterie ein äußeres Gewinde mit einem Durchmesser von zumeist 26 mm.

Um die Mutter zu drehen und fest an das Becken anzuziehen, benötigt man in den meisten Fällen, bedingt durch den relativ engen Platz, den sogenannten Standhahnschlüssel.

Einige angebotene Batterieausführungen werden mit einer Metallplatte und einer verlängerten Sechskantmutter befestigt. Zum Anziehen reicht hierfür ein Maulschlüssel oder ein kräftiger Schraubendreher. Vielleicht achten Sie beim Kauf auf die Ihnen genehme Ausführung.

Die ausgeformte Metallplatte um die Schraube und um die Röhrchen herum an das Becken drükken ...

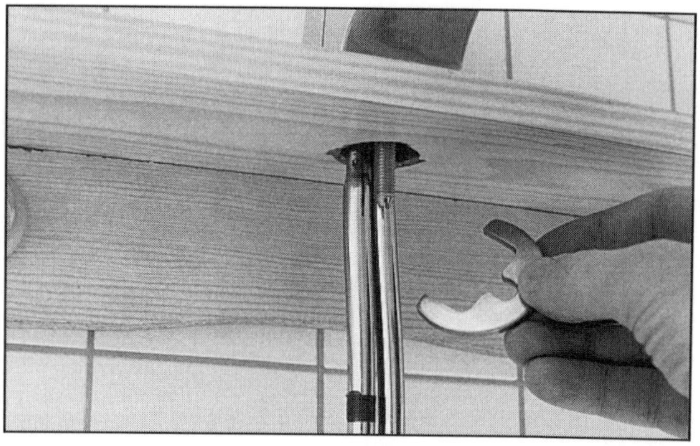

... die verlängerte Sechskantmutter auf den Gewindebolzen aufschrauben ...

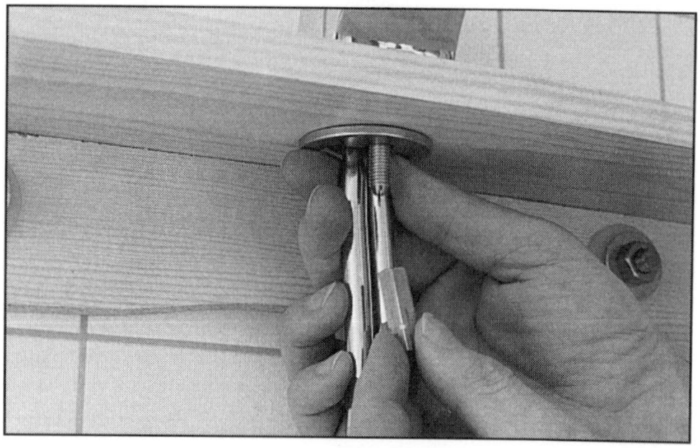

... und mit einem Maulschlüssel oder einem starken Schraubendreher – die Sechskantschraube hat zusätzlich einen Schraubenschlitz – anziehen.

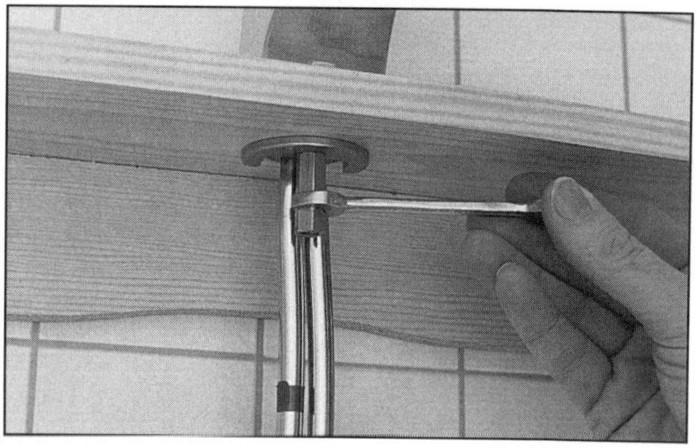

Eckventil auswechseln

Hierzu: an anderer Stelle
Wasser abstellen (S.7)
Gewinde eindichten
(S.25)

Sie wissen, daß Eckventile Absperrorgane sind und nicht nur beim Waschtisch verwendet werden.
Klosett, Bidet und Küchenspüle sind ebenso damit ausgestattet.

Das alte Eckventil mit der Zange losdrehen.

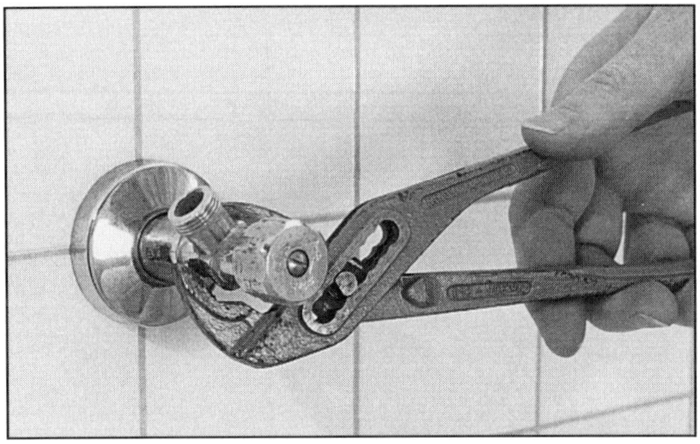

Das gelockerte Eckventil mit der Hand gänzlich herausdrehen und das Gewinde in der Wand gründlich säubern.

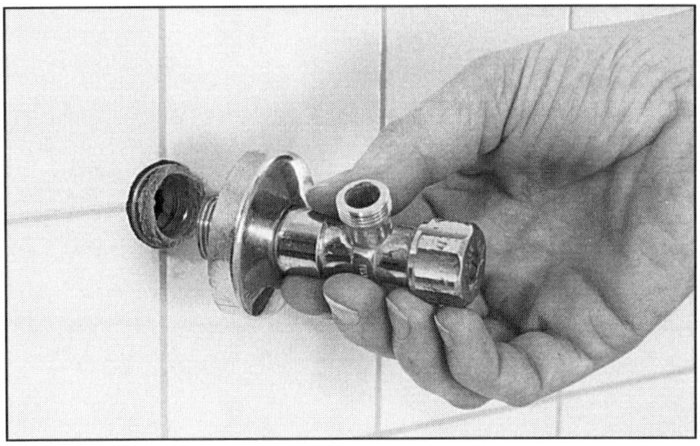

Das Gewinde des neuen Eckventils zuerst rauh machen und dann die dazugehörige Rosette aufschieben.
Das muß vor dem Eindichten geschehen. Sonst bekommen Sie die Rosette nicht mehr aufgeschoben und Sie müssen das Dichtmaterial wieder entfernen.

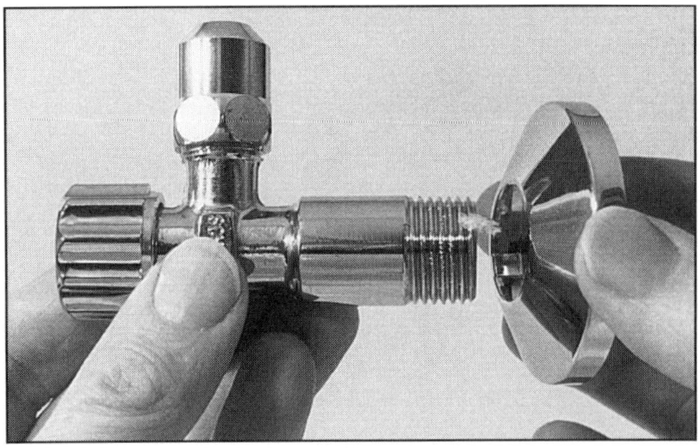

Die Rosette ziemlich hoch auf den Schaft aufschieben, damit zum Eindichten Platz bleibt.
Dieses Gewinde wird mit Teflonband eingedichtet.
Oft ist es jedoch ratsam, Hanf zu verwenden, wenn das Eckventil beim späteren Einführen des Batterieröhrchens hin und her bewegt werden muß.
Wir wissen, daß Gewinde, die mit Teflon eingedichtet sind, dann leicht undicht werden.

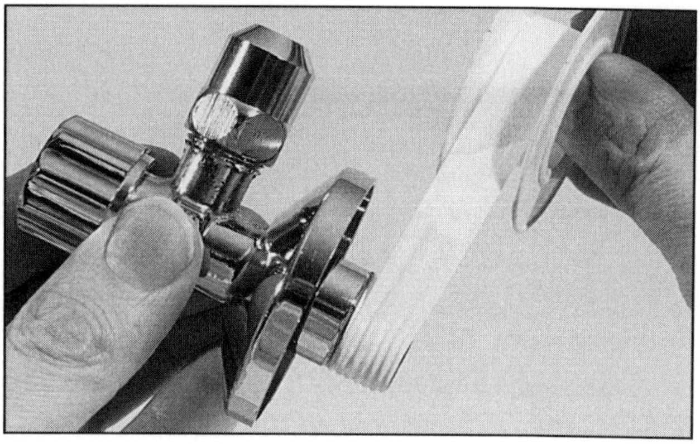

Ventil von Hand in die Muffe eindrehen und dann mit einem Maulschlüssel oder einer Armaturenzange festdrehen.

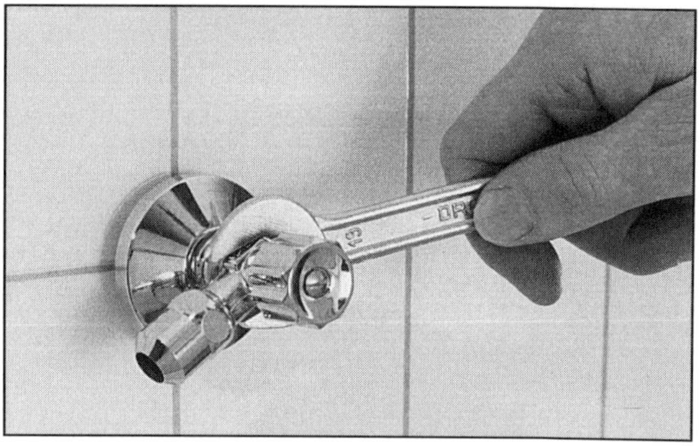

Zum Schluß noch die Rosette an die Fliese drücken.

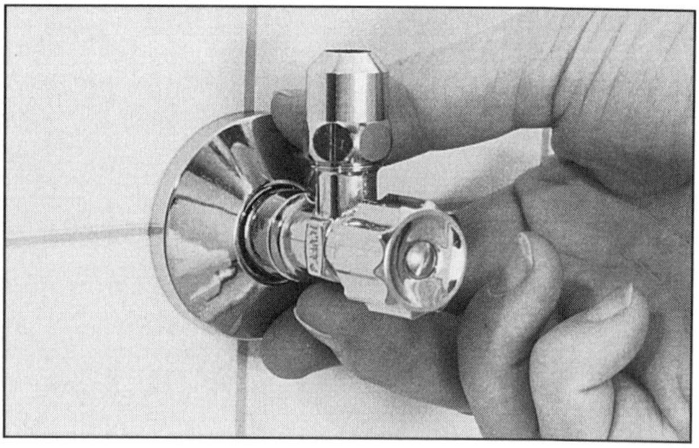

Ablaufventil montieren

Die Mischbatterie als wasserführendes Installationselement ist nun montiert und schon betriebsbereit.

Aber es fehlt ja noch der Abwasseranschluß. Dessen Montage beginnt mit dem sogenannten Ablaufventil im Becken. Es gibt da zwei Ausführungen.

Einmal das altbekannte Stopfenventil, in Spülen manchmal auch als Standrohrventil ausgebildet, und das Ventil mit dem Exzenterverschluß.

Das moderne Waschbecken hat natürlich das Exzenterventil. Dann müssen Mischbatterie und Ablaufventil eine Einheit bilden. Das zugehörige Gestänge zur Betätigung des Exzenterstopfens gehört ebenfalls zum Lieferumfang dieser kompletten Einheit. Also beim Kauf auf diese Eigenart achten.

Egal, ob Exzenter- oder Stopfenventil, es muß gegen das Waschbecken wasserdicht eingedichtet werden.
Manchmal gehört eine entsprechende Gummidichtung dazu.

Häufig wird diese Abdichtung jedoch mit Installationskitt erfolgen. Vor allem wenn das Abflußloch des Beckens nicht exakt rund ist. Das kommt bei preiswerten und Zweite-Wahl-Becken öfter vor.

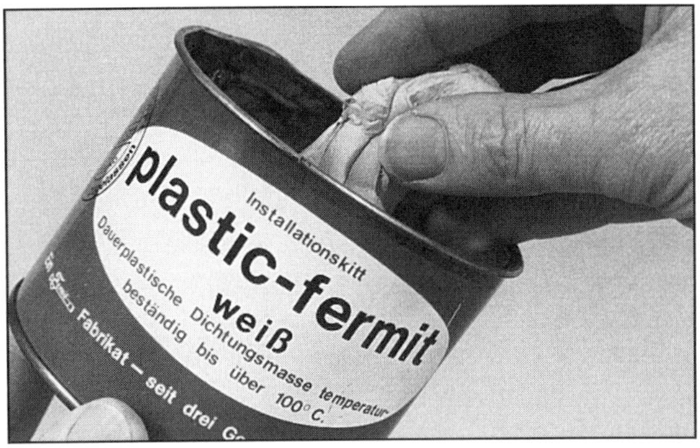

Dichten Sie das Ablaufventil mit Installationskitt ein.
Dazu formen Sie eine Wurst und legen diese in die Dichtfläche des Ventils.
Ob die Menge stimmt, sehen Sie erst später, gegebenenfalls den Vorgang also wiederholen.
Der im Waschbecken eingeformte Überlauf endet im Ablaufloch des Beckendurchgangs.
Das Ablaufventil hat entsprechende Überlaufschlitze.

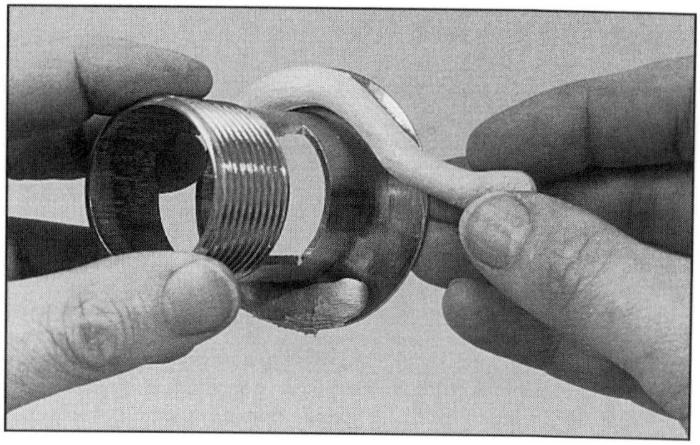

Einer dieser Schlitze muß der im Becken eingeformten Überlauföffnung gegenüberstehen. Also aufpassen.
Das mit Dichtungskitt oder einer Dichtung versehene Ablaufventil in die Ablauföffnung des Waschtisches einführen.

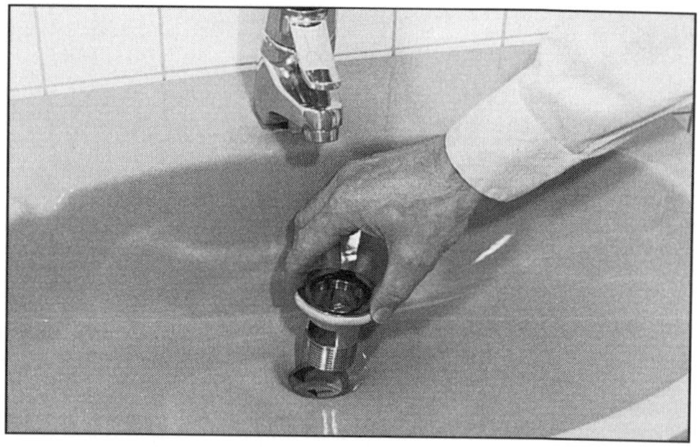

Haben Sie das Ablaufventil mit Installationskitt abgedichtet, drücken Sie es bitte fest in den Ablauf des Beckens hinein.
Ringsum muß Kitt hervorquellen, sonst haben Sie zu wenig aufgegeben.
Bitte auf die richtige Lage des Überlaufschlitzes achten!

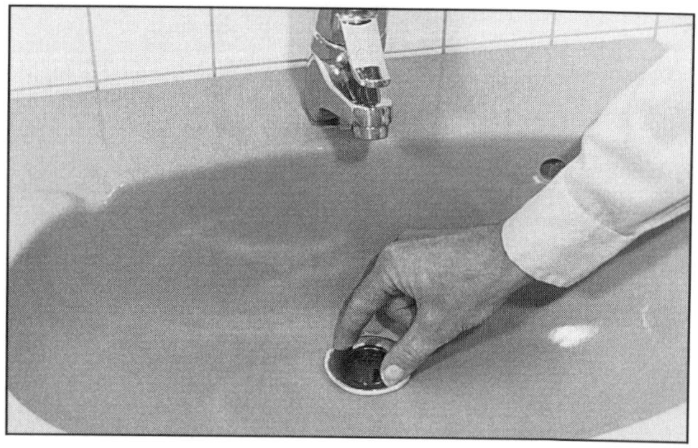

Dann geht es unter dem Waschtisch weiter. Dort schaut nun das Gewinde des Ablaufventils heraus und muß mit dem Ventilunterteil verschraubt werden.

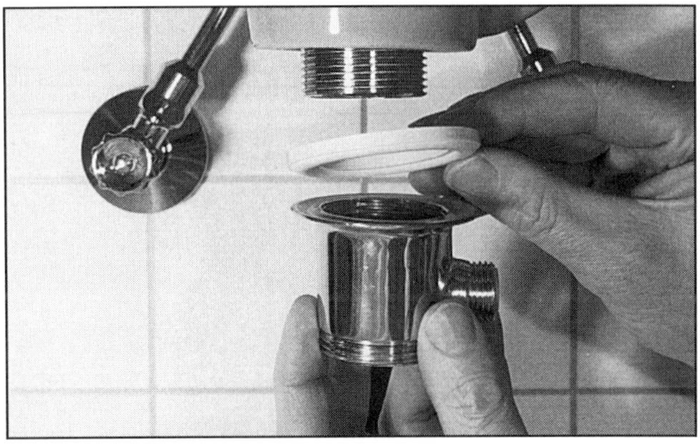

Die zugehörige Dichtung – mit der glatten Seite nach oben – auf das Gewinde auffädeln und das Ventilunterteil fest dagegenschrauben.

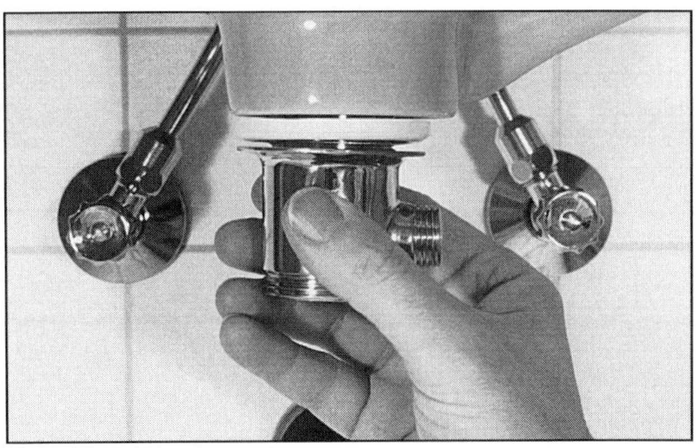

Jetzt den überschüssigen Kitt entfernen. Das machen Sie einfach mit dem Finger und putzen mit einem Tuch nach. Der überschüssige Kitt ist noch brauchbar und kommt in die Dose zurück.

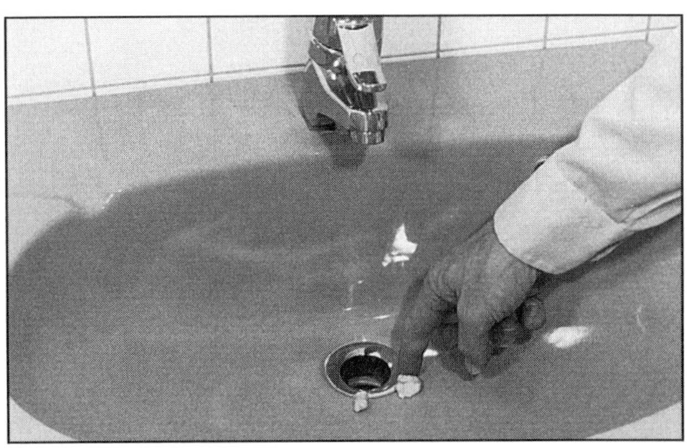

Flaschengeruchverschluß anbringen

Hierzu: Rohre trennen S.11

Der Geruchverschluß stellt nun die Verbindung zwischen Ablaufventil und Abwasseranschluß her. Drücken Sie nun bitte das Verbindungsrohr in die Übergangsdichtung des Abwasserrohres hinein.

Das Exzenterablaufventil ist etwas länger als das Stopfenventil. Somit muß unter Umständen auch vom alten Geruchverschluß das Tauchrohr etwas verkürzt werden.
Rohr oben anhalten und unten entsprechend anzeichnen.
Das Ende des metallischen Tauchrohres muß innerhalb der weißen Tauchrohrverlängerung liegen.

Das Tauchrohr können Sie mit der Metallsäge kürzen.
Bitte vorsichtig in den Schraubstock einspannen, vielleicht legen Sie ein Tuch dazwischen.
Den entstehenden Grat bitte mit einer Feile entfernen.

Das gekürzte Tauchrohr in die schräggestellte Tasse einführen. Das Tassenunterteil können Sie nun auch anschrauben.

Den Geruchverschluß aufrichten und Dichtung einlegen.

Zunächst drehen Sie nun alle Überwurfmuttern mit der Hand fest.
Als Abschluß ziehen Sie die Überwurfmuttern noch mit der Pumpenzange an.
Es empfiehlt sich, dabei ein Tuch zwischenzulegen, um so Kratzer zu verhindern.

Röhrengeruchverschluß anbringen

Anstelle eines Flaschengeruchverschlusses können Sie natürlich auch einen Röhrengeruchverschluß verwenden. Wenn der Geruchverschluß noch nicht zusammengebaut ist, ist das der erste Schritt. Zunächst schieben Sie zwei Verschraubungen auf das Tauchrohr, dann den relativ festen Dichtring und zuletzt die keilförmige Dichtung.
Tauchrohr in den Siphonteil einschieben und mit einer Verschraubung leicht verschrauben.

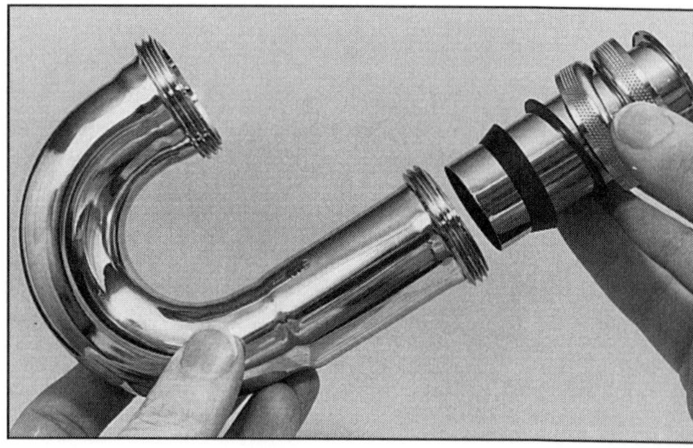

Jetzt passen Sie das Ganze am Waschtisch an. Hier hat das Waschbecken ein Stopfenauslaufventil, es fehlt daher das Zwischenstück für die Exzenterbetätigung.
Ist jedoch ein Exzenterstopfen vorgesehen, muß in der Regel ein längeres Tauchrohr verwendet werden. Bitte beim Kauf auf die ausreichende Länge des Tauchrohres dann achten.

Siphonteil also am Becken lose anschrauben und mit dem Zollstock aus der Wandanschlußmuffe heraus bis zur Mitte des Rohres messen.
Hier im Beispiel sind das etwas über 170 mm.

Geruchverschluß wieder abnehmen, den Zollstock wie gezeigt anlegen und das Maß anzeichnen.
Nun sägen Sie das Rohr entsprechend ab und entgraten es anschließend.
Dann schieben Sie noch die Rosette sowie die Verschraubung und die Dichtung auf das Rohr auf.

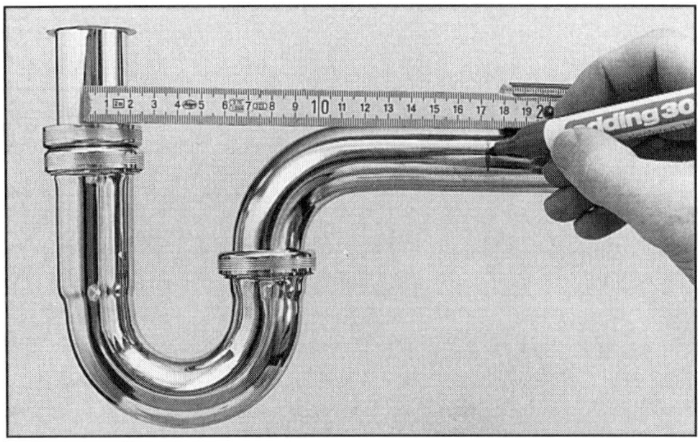

Nun das Ablaufteil (wie beim Flaschengeruchverschluß S.62 beschrieben) in die Muffendichtung des Abwasserrohres eindrücken.
Durch Verschieben des Tauchrohres den Geruchverschluß an das Ablaufventil anpassen und dann alles verschrauben.

Zum Reinigen des Röhrengeruchverschlusses brauchen Sie nur die beiden unteren Verschraubungen zu lösen. Denken Sie daran, einen Behälter unterzustellen. Dann können Sie das Siphonteil nach unten wegziehen.

Exzentergestänge montieren

Es fehlt jetzt noch das Hebelgestänge zur Betätigung des Exzenterstopfens.
Bei dieser Mischbatterie wird das Zuggestänge hinten und von oben durch das Batteriegehäuse geschoben.

Das Hebelgestänge der Zugarmatur muß hinten in das Ablaufventilunterteil eingeführt und verschraubt werden.
Bei kleinen Waschtischen müssen Sie das Unterteil vorher seitlich drehen. Dann ist es sinnvoll, dieses Teil zuerst und dann erst den Geruchverschluß zu montieren.

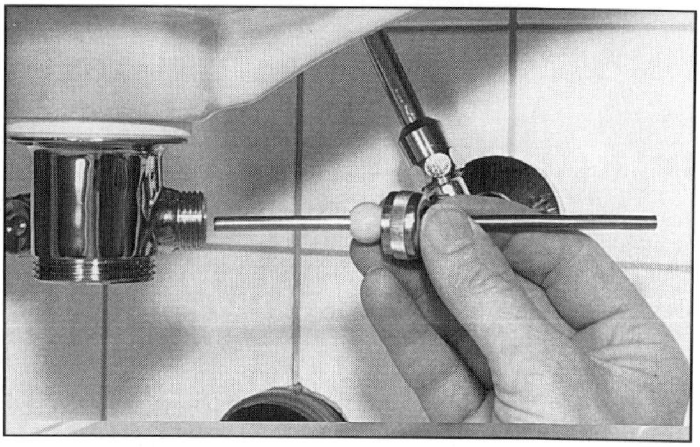

Nach dem Einbau der beiden Gestänge (Zuggestänge durch Batteriegehäuse und Hebelgestänge in Ablaufventil) müssen diese noch miteinander verbunden werden.
Dafür gibt es eine spezielle, von Fabrikat zu Fabrikat unterschiedliche Verbindungsschraube.

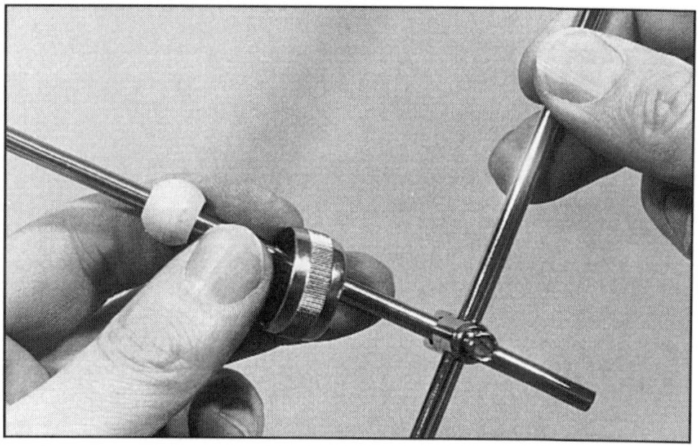

Exzenterstopfen einstellen

Damit der Exzenterstopfen auch richtig schließt, muß er passend eingestellt werden.
Dazu den Stopfen erst einmal in das Ablaufventil einführen.
Der Stopfen soll einwandfrei schließen und im offenen Zustand einen möglichst großen Ablaufquerschnitt freigeben.
Allerdings viel Hubhöhe haben Sie dafür nicht zur Verfügung.

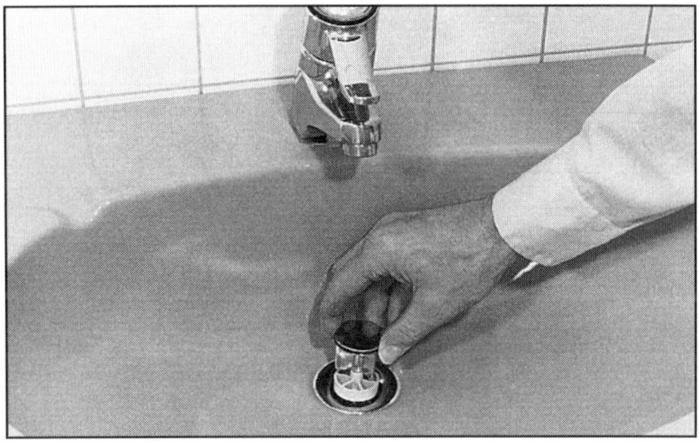

Wenn der Stopfen höher oder tiefer eingestellt werden muß, bitte die Kontermutter lösen ...

... und die Stellschraube entsprechend verändern.
Zunächst am Ventil die richtige Einstellung ausprobieren, dann die Kontermutter festschrauben.

Spülbecken montieren

Anschlüsse für Wasch- und Geschirrspülmaschine herstellen.

Hierzu: Wasser abstellen (S.7)
Rohre trennen (S.11)
Batterie montieren (S.55)
Eckventil (S.47, 57)

Die wasser- und abwasserseitigen Anschlüsse eines Spülbeckens unterscheiden sich nicht wesentlich von denen eines Waschtisches.

Der Spültisch selbst hat jedoch gegenüber einem Waschtisch eine andere Funktion. Zudem sind heute zusätzliche Anschlüsse für Geschirrspüler oder Waschmaschine üblich. Unter Umständen müssen auch beide Geräte integriert werden.

Das Spülbecken kann einteilig sein oder aus mehreren Elementen bestehen. Der im folgenden anzuschließende Spültisch besteht aus einem losen Becken und einer ebensolchen Abtropffläche, jeweils in runder Form. Beide Teile werden in eine Arbeitsplatte eingebaut. Um besser fotografieren zu können, habe ich zunächst nur eine schmale Platte benutzt.

Zuerst muß die Arbeitsplatte vorbereitet werden. Die runden Ausschnitte sind nach den Abmessungen der Becken herzustellen. Die Spültischbatterie erhält ein eignes Durchführungsloch in der Holzplatte, dem Durchmesser der zu installierenden Armatur entsprechend. Wird auch ein Geräteanschluß, wie in unserem Beispiel, für die Spülmaschine hergestellt, sollte die zuwasserseitige Absperrung ebenfalls oberhalb der Platte liegen.

Bevor Sie die Becken einbauen, können Sie die Mischbatterie und falls erforderlich, die Eckventile montieren, denn jetzt haben Sie noch eine optimale Bewegungsfreiheit für diese Arbeiten.
Für den Wasseranschluß der Spülmaschine bauen Sie noch ein T-Stück in das Anschlußröhrchen ein. Das Batterieröhrchen dafür entsprechend kürzen.

Zur Montagevorbereitung muß das Anschlußventil für die Spülmaschine zunächst teilweise demontiert werden. Handgriff abziehen, Oberteil und Abdeckrosette abschrauben, eine Dichtung mit abziehen. Dieses Geräteanschlußventil hat einen eingebauten Rückflußverhinderer, wie er bei Anschlüssen einzusetzen ist, wo die Gefahr besteht, daß verunreinigtes Wasser in die Zuleitung hineingesaugt werden kann. Also beim Kauf darauf achten.

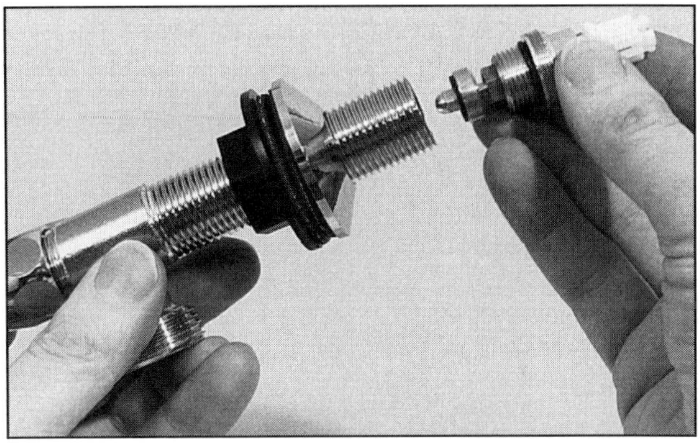

Den Schaft des Ventils von unten durch die Platte schieben, Dichtung aufstecken und Abdeckrosette aufschrauben.
Den Ventilkörper unter der Platte mit dem Anschluß in die richtige Richtung bringen und die Mutter anziehen.

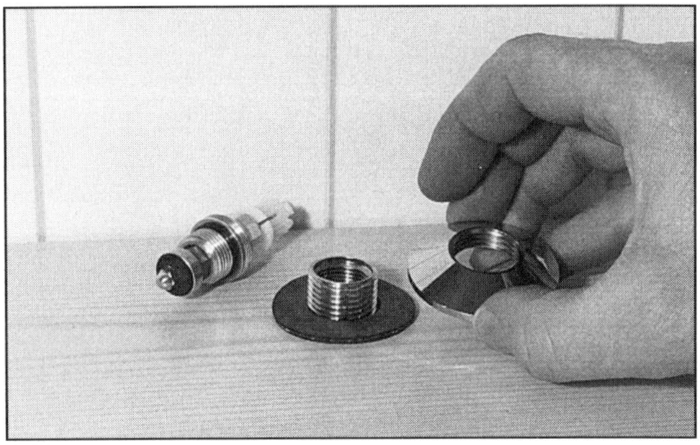

Oberteil wieder in den Schaft einführen und mit einem Gabelschlüssel leicht anziehen.
Da der Kegel als Rückschlagventil ausgebildet ist, befindet sich in der Spindel eine Feder. Achten Sie bitte darauf, daß die Einheit komplett ist.

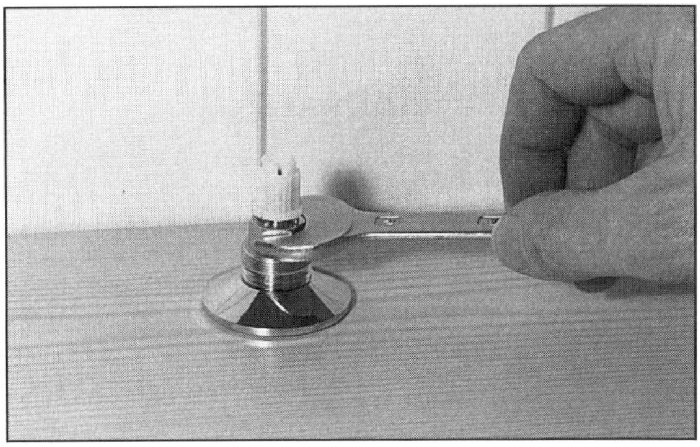

Von dem ganzen Ventil sehen Sie nun also nur noch den Handgriff. Die Geräteventile für Wasch- und Spülmaschine sollten Sie immer sichtbar und in Reichweite der jeweiligen Maschine haben. Nach jedem Waschgang muß das Ventil nämlich abgesperrt werden, um die Gefahr von platzenden Zuwasserschläuchen zu mindern. Ventile, die unterhalb der Spüle oder eines Waschbeckens angeordnet sind, werden erfahrungsgemäß selten geschlossen.

Hierzu: Kupferrohrfittings S.9
Löten von Kupferrohren S.13
Trennen von Rohren S.11

Die Verbindung zwischen dem installierten T-Stück und dem unteren Anschluß des Geräteventils stellen wir aus Kupferrohr her: Diese Verbindung können wir zum einen herstellen, indem zwei Rohre mit einem Bogenfitting verlötet werden.

Es kann aber auch weiches Kupferrohr vom Ring vorsichtig mit der Hand gebogen werden. Dazu das Rohr mit beiden Händen anfassen, die Daumen zur Rohrmitte ausgespreizt, und dann über die Daumen zu einem Bogen biegen. Aber gehen Sie dabei äußerst vorsichtig um, das Rohr darf in keinem Fall geknickt werden!

Haben Sie das Kupferrohr in einer der beiden Weisen vorbereitet, kürzen Sie es auf die entsprechende Länge und bringen noch die Verschraubungen und Dichtungen auf.

Der Anschluß erfolgt hier an die Kaltwasserleitung. Wenn Ihre Maschine entsprechend ausgelegt ist, können Sie auch eine Verbindung zum Warmwasser herstellen. Das spart in der Regel Energie. Bei der Auswahl der Armaturen sollten Sie auf diesen Umstand achten. Wählen Sie nämlich anstelle des gezeigten Geräteventils eine Mischbatterie mit integriertem Maschinenanschluß, ist ein Anschluß an die Warmwasserleitung kaum möglich.

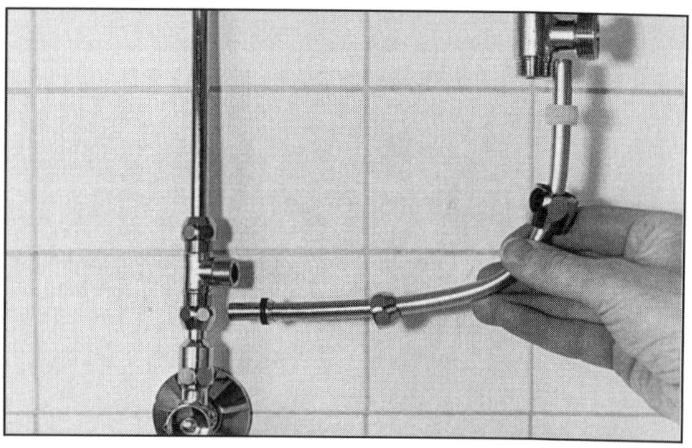

Hierzu: Ablaufventil abdichten S.59

Die Ablaufarmaturen von Spülbecken und Ablauffläche gehören im Normalfall zum Lieferumfang. Sonst müssen Sie sich passende Ausführungen einzeln beschaffen. Das ist aber oft schwierig, da nicht alles zu jedem paßt.

Das Ablaufventil des Spülbeckens muß mit Kitt belegt werden, wie jedes Stopfenventil, um im verschlossenen Zustand gegen das Wasser im Becken abgedichtet zu sein. Das Ablaufventil der Ablauffläche dagegen muß nicht ausgekittet werden, da dieses Ventil nicht verschlossen, sondern lediglich mit einem Sieb versehen wird.

Meistens sind die Verbindungsrohre von Ablaufventil und Überlauf nur gesteckt, so daß sie leicht auf die passende Höhe gebracht werden können.

Am Spülbecken in die Dichtfläche des Ablaufventils Kitt aufbringen, mit dem Abgangsteil nach Einlegen des Dichtungsringes verschrauben.
Den Überlauf mit einliegendem Dichtungsring, den gesteckten Verbindungsstücken und aufgefädelter Verschraubung am Abzweig des Abgangsteiles anbringen und mit dem Sieb des Überlaufs verschrauben.
Achten Sie auch hier auf die eingelegte Dichtung.

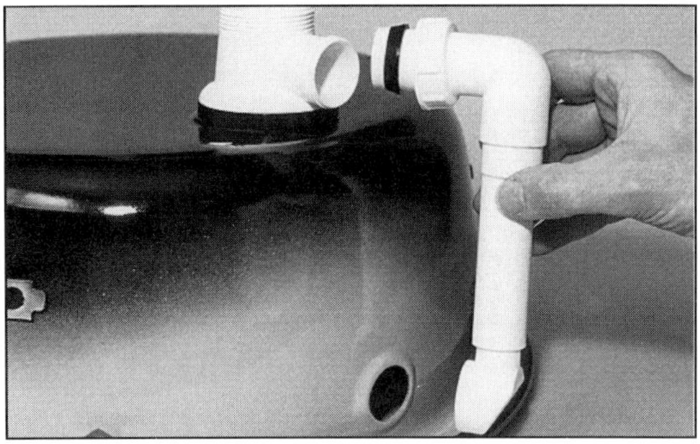

Die Abtropffläche hat lediglich ein Ablaufsieb. Ein Kunststoffschlauch stellt die Verbindung zum Ablauf des Beckens her.
Den Schlauch auf das Unterteil aufstecken und mit einer Schelle sichern.
Das Ablaufsieb wird ohne Kitt von oben mit dem Unterteil verschraubt.

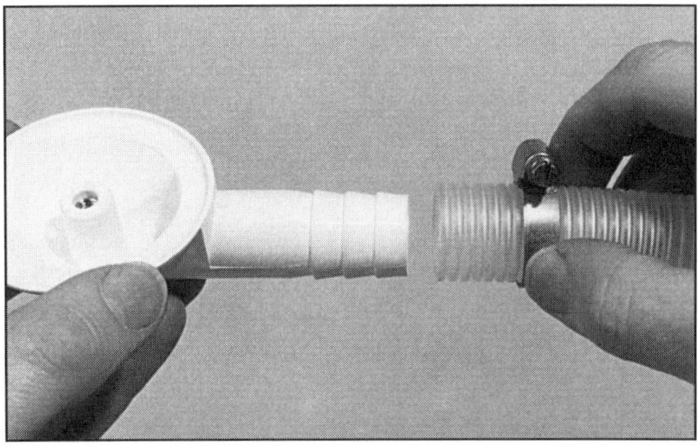

Hierzu: Röhrengeruchverschluß S.64

Die Verbindung zwischen Ablaufventil und Abwasserrohr wird mit einem Geruchverschluß aus Kunststoff hergestellt. Dieser Geruchverschluß für die Spüle entspricht weitgehend dem Röhrengeruchverschluß. Verschiedene Ausführungen und Systeme lassen alle Anschlußvarianten zu.

Der Geruchverschluß gehört zumeist nicht zum Lieferumfang der Spüle und muß somit getrennt beschafft werden. Bei dem Anschluß der Abwasserschläuche von Wasch- und Spülmaschinen ist darauf zu achten, daß diese immer von oben nach unten angeschlossen werden.

Außerdem wird der Schlauch noch an seiner höchsten Stelle befestigt. Damit wird verhindert, daß ablaufendes Wasser aus der Spüle in den Schlauch eindringen kann.

Rechts auf der nebenstehenden Abbildung ist der Geruchverschluß dargestellt, der hier in meinem Fall erforderlich ist.
Oben ein Teil – das noch zum Lieferumfang der Becken gehört – für den Anschluß des Schlauches der Tropffläche.
Darunter der Anschluß für die Spülmaschine.

Links auf der Abbildung eine ähnliche Ausführung, jedoch für zwei Becken.

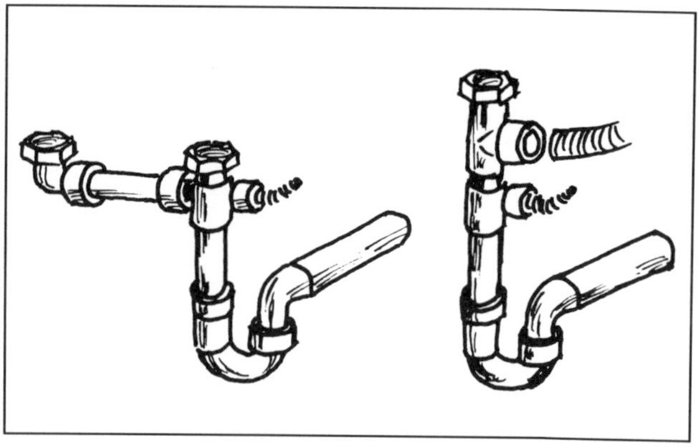

Bei der Montage des Geruchverschlusses der Spüle gehen Sie bitte vor, wie beim Röhrengeruchverschluß beschrieben.
Auch hier das Tauchrohr anzeichnen und absägen.
Beachten Sie auf der nebenstehenden Abbildung bitte den Schlauchanschluß für die Wasch- oder Spülmaschine, der bei Kombination mit einer Spüle immer von oben nach unten gerichtet ist.

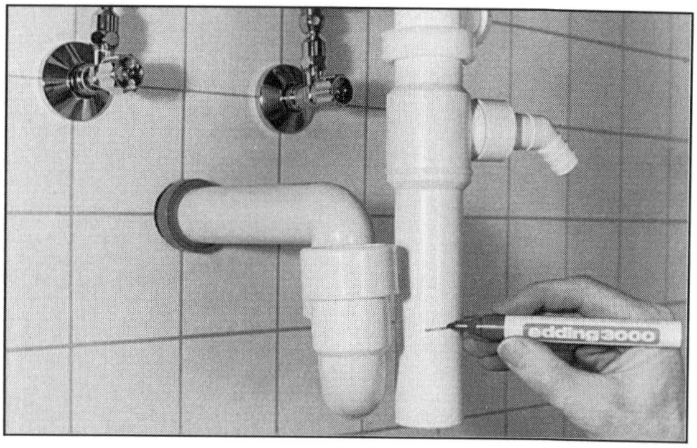

Den Abwasserschlauch der Wasch- oder Spülmaschine auf das Anschlußteil aufschieben, mit einer Schlauchklemme befestigen und am höchsten Punkt aufhängen, wie auf der rechten Zeichnung dargestellt.
Maschinen können auch unabhängig von Waschtisch oder Spüle angeschlossen werden. Spezielle Geruchverschlüsse lassen den Anschluß leicht zu. Das Zuwasser kommt dann über ein normales Zapfventil (s. S. 36).

Nach Abschluß der Arbeiten an der Spüle selbst, verbinden Sie noch die Spülmaschine mit dem Zuwasser.
Auf die Dichtung achten und die Quetschverschraubungen nochmals anziehen. Die hier gezeigte Montage des Spülmaschinenanschlusses – Zuwasser und Abwasser – kann natürlich auch nachträglich bei bereits vorhandener Spüleninstallation erfolgen.

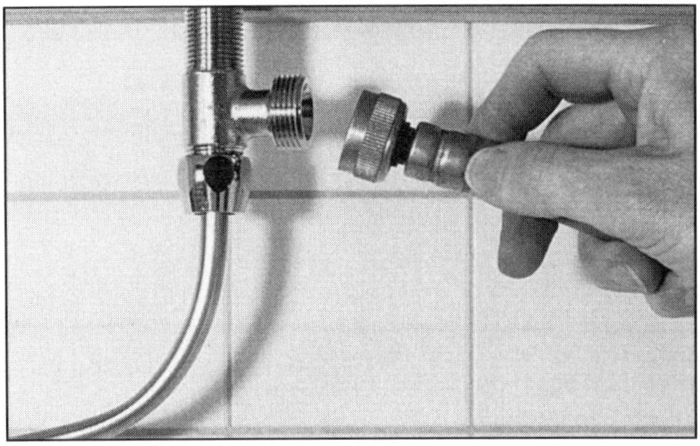

Die Spüleneinheit ist fertig installiert.
Achten Sie bei Kauf und Montage auf die Dichtungen am unteren Rand der Spül- und Abtropfeinsätze, die diese gegen die Arbeitsplatte abdichten.
Abschließend werden die Einsätze mit den angebrachten Klammern von unten gegen die Platte verschraubt.

Klosett, Druckspüler und Spülkasten

Defekte Spülkästen und Druckspüler sind Wasserverschwender. Modernisierung auch im Klosettbereich.

Rund um das Klosett gibt es viel zu tun. Sei es das Auswechseln des Deckels oder die laufende Pflege der wasserführenden Armaturen. Denn gerade im Bereich der Spülkästen und Druckspüler geht bei Defekten viel kostbares Trinkwasser verloren.
Das Pflegen, Auswechseln oder Reparieren dieser Armaturen ist dabei verhältnismäßig einfach und mit geringem Werkzeugaufwand durchführbar. Erforderliche Ersatz- oder Austauschteile gibt es beim Sanitärfachhändler, sowie in Bau- und Heimwerkermärkten.
Ebenso verhält es sich mit dem Klosettbecken selbst. Oft sind aber einige Veränderungen im Ablaufbereich erforderlich, da viele Klosettausführungen, die früher eingebaut wurden, heute nicht mehr hergestellt werden.

Klosettdeckel ersetzen

Die Muttern des Klosettdeckels lösen. Eventuell mit einer Pumpenzange nachhelfen. Ältere Deckel haben meist Metallschrauben. Wenn diese verrostet sind, mit einem Metallsägeblatt zwischen Becken und Mutter fahren und den Bolzen durchsägen, sofern etwas Spiel vorhanden ist. Sonst helfen Entrostungsmittel oder vorsichtige Brachialgewalt, indem man die Löcher des Deckels erweitert.

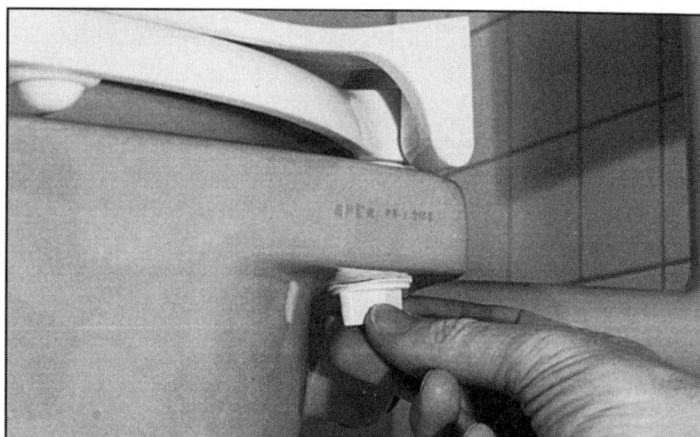

Nachdem die Muttern unten gelöst und vollständig vom Gewinde abgedreht sind, Klosettdeckel nach oben abziehen.

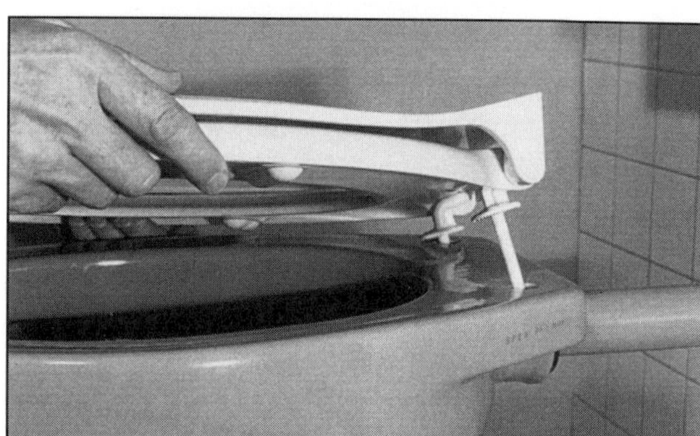

Auch bei Klosettdeckeln sind von Fabrikat zu Fabrikat die Befestigungen unterschiedlich.
Je nach Ausführung schieben Sie die Schraubenteile also in die entsprechenden Aufnahmeeinrichtungen.

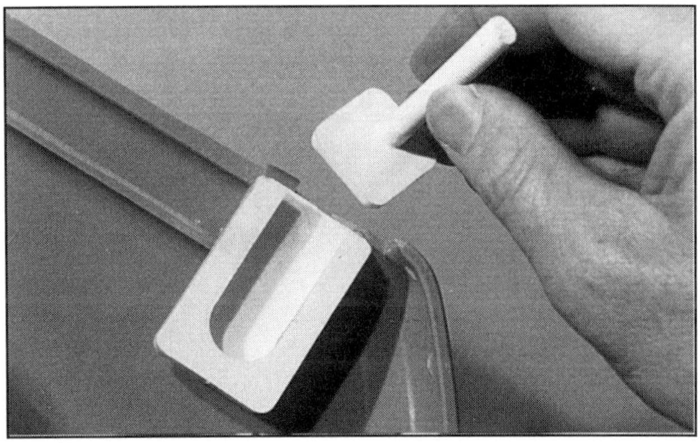

Befestigungsschrauben von oben in die Löcher des Klosettbeckens einführen. Eventuell beiliegende Unterlegscheiben aus weichem Material nicht vergessen.

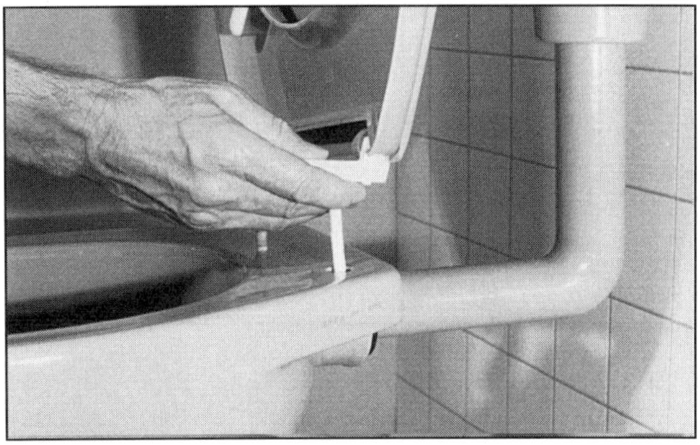

Den Klosettdeckel ausrichten und die Flügelmuttern aufschrauben und handfest anziehen. Ein eventuell überstehendes Gewinde mit einem scharfen Messer oder einem Metallsägeblatt abschneiden.

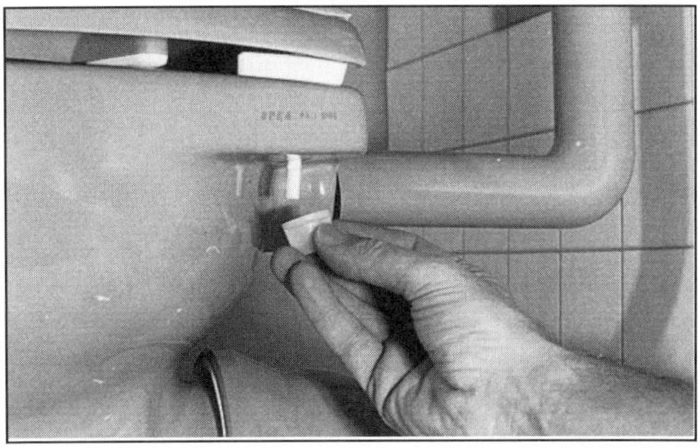

Spülmenge am Spülkasten einstellen

Neun Liter Wasser reichen für einen normalen Spülgang aus.

Für einen normalen Spülvorgang am Klosett werden etwa neun Liter Wasser gebraucht, damit sich Fäkalien und andere Feststoffe in den weiterführenden Leitungen und im Grundkanal nicht absetzen.
Spülkästen haben zumeist an der rückseitigen Innenwand eine Neunlitermarkierung. Beim Füllvorgang sollte der Wasserspiegel hier auch zum Stehen kommen. Ältere Spülkästen können jedoch noch eine Vierzehnlitermarkierung haben.
Bei neuen Spülkästen ist oft eine Wassersparschaltung eingebaut. Eine Stoptaste ermöglicht es, den Spülvorgang jederzeit zu unterbrechen, was zum Beispiel beim Wegspülen von Urin sinnvoll ist.
Wandeinbauspülkästen haben grundsätzlich dieselbe Inneneinrichtung wie die tiefhängenden Ausführungen.

Der tiefhängende Spülkasten ist mit einem Deckel verschlossen. Deckel an beiden Seiten anfassen und nach oben abziehen. Vorsicht, manchmal ist das Auslösegestänge mit dem Deckel und der Glocke verbunden. Bei Wandeinbauspülkästen ist die Abdeckplatte dafür abzuschrauben, die die Revisionsöffnung verdeckt.

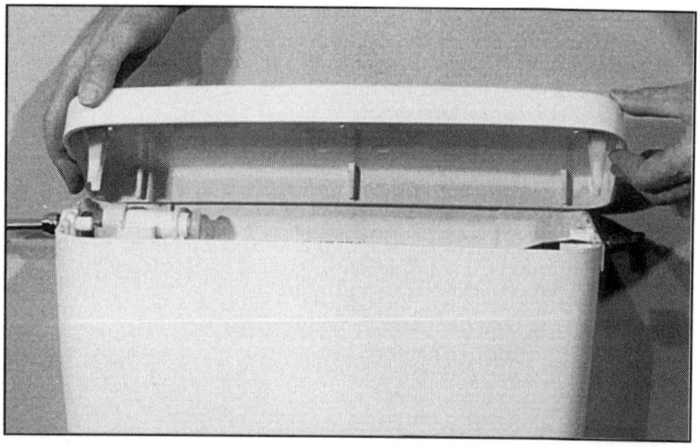

Das Einstellen der Wassermenge erfolgt bei neueren Modellen zumeist an einem Rädchen. Verstellen Sie das Rädchen bitte und probieren Sie aus, in welcher Stellung das Wasser an der Neunlitermarkierung stehen bleibt. Bei alten Modellen muß der Neigungswinkel des Gestänges für die Schwimmerkugel verändert werden. Dieses Gestänge ist meistens mit einer Flügelschraube befestigt.

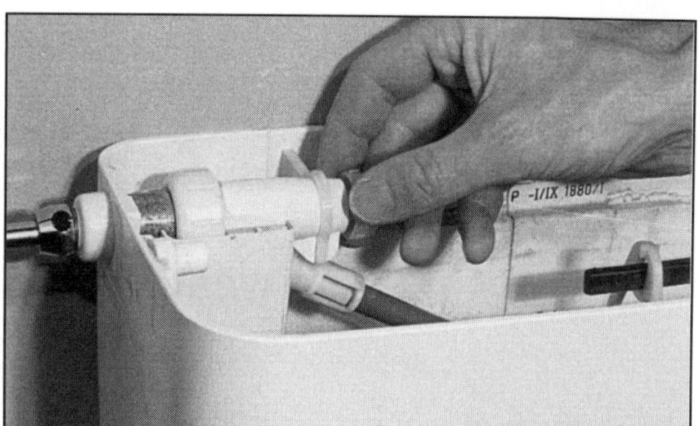

Glockendichtung auswechseln

Wenn der Spülkasten andauernd läuft, ist entweder die Glockendichtung defekt, oder die Glocke klemmt und kann nach dem Spülgang nicht vollständig auf den Sitz zurück. Spülkastendeckel abnehmen und Glocke nach oben aus dem Kasten herausziehen. Manchmal ist die Einheit auch am Boden verschraubt, dann Glocke nach links drehen und somit lösen.

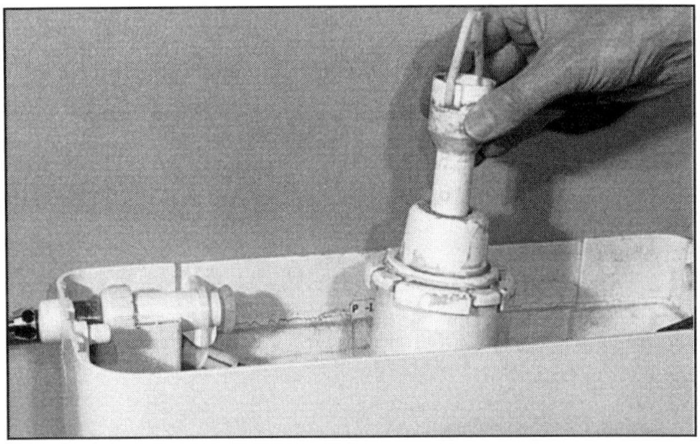

Bei Wandeinbauspülkästen muß zuerst das Schwimmerventil ausgebaut werden, bevor Sie die Glocke herausnehmen können. Haben Sie die Glocke gelöst, ziehen Sie die alte Glockendichtung aus der Halterung heraus.

Neue Glockendichtung nach Muster kaufen und aufziehen. Den Sitz im Spülkasten noch von eventuellen Ablagerungen befreien.

Schwimmerventil ersetzen

Hierzu: Wasser abstellen S.7
Kunststoffrohre trennen S.20

Auch Schwimmerventile verbrauchen sich und müssen schon mal ausgewechselt werden. Am einfachsten ist es, wenn man eine baugleiche Ausführung bekommt. Die Hersteller von Spülkästen verkaufen oft entsprechende Austauschsätze.

Vielfach muß man jedoch auch auf Fremdfabrikate oder universell einsetzbare Ausführungen zurückgreifen. Das hat jedoch zur Folge, daß auch der Spülkastendurchgang mit zu ersetzen ist. Voraussetzung ist dabei immer ein ausreichender Platz im Spülkasten. Bei baugleichen Ausführungen spielt sich der Umbau in den meisten Fällen nur im Kasten ab. Bevor Sie lange nach entsprechenden Austauschteilen suchen, ist es – insbesondere bei normalen Spülkästen – oft preiswerter, einen neuen Spülkasten zu montieren.

Spülkastendeckel entfernen, Wasserzufuhr am Eckventil unterbrechen, Spülvorgang auslösen und die Ventilabdeckung nach unten wegschieben.
Bei Wandeinbauspülkästen befindet sich das Eckventil innerhalb des Kastens.

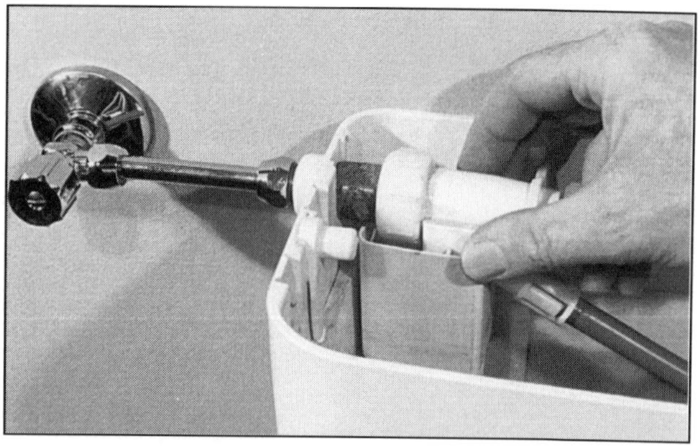

Bei Ersatz durch baugleiche Ausführung: Verschraubung des Ventils lösen, zuerst mit der Pumpenzange, dann mit der Hand. Das defekte Ventil entfernen, die verbleibenden Ventilteile säubern und auf Beschädigungen hin untersuchen.

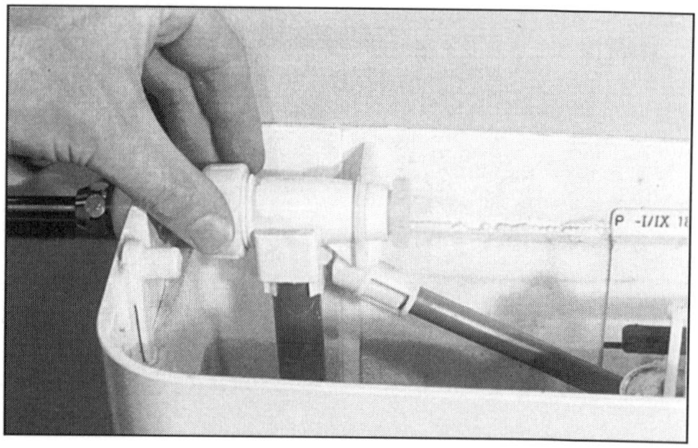

Die weiße Einlaufdüse (ich habe sie auf ein Brett montiert, um bessere Fotos zu erhalten) mit einem Schraubenzieher aus dem Ventilteil lösen.

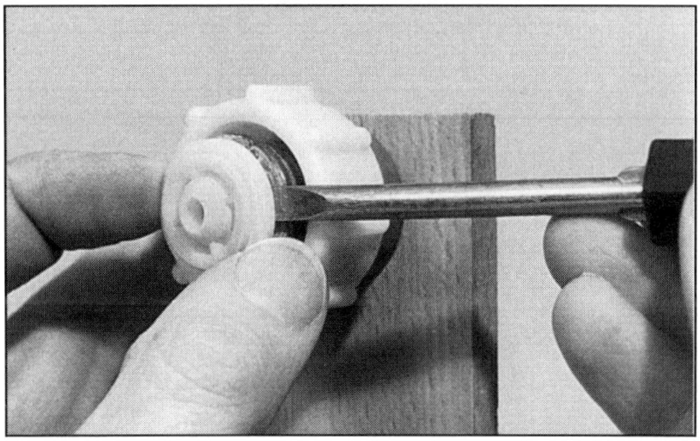

Den ganzen Einsatz herausziehen. Dabei achten Sie bitte auf die O-Ringdichtung. Diese beim späteren Zusammenbau wieder mit einführen und das Teil kräftig in das Unterteil eindrücken.

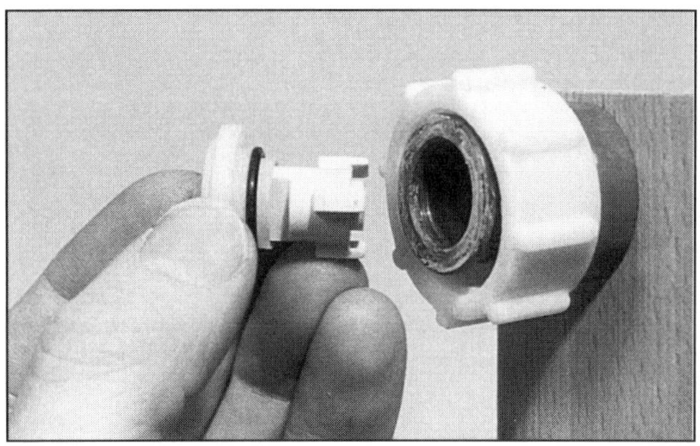

Vorher noch die beiden Teile der Einlaufdüse auseinanderziehen und gründlich reinigen. Besonders nach umfangreichen Arbeiten an der Wasserleitung, das kann auch auf der Straße sein, lagert sich Schmutz in der Düse ab. Das hat zur Folge, daß sich der Spülkasten nicht oder nur sehr langsam füllt.

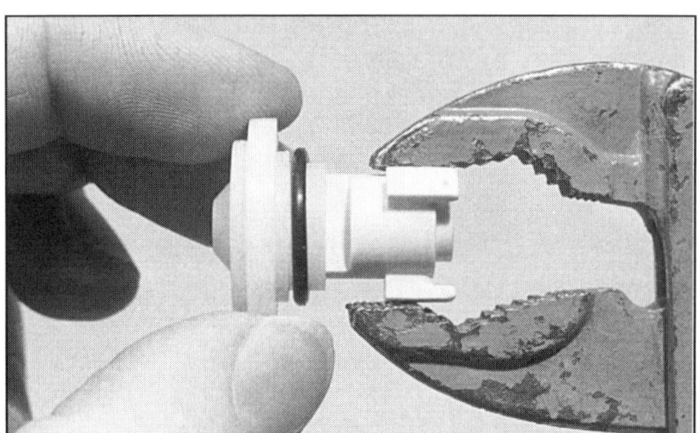

Den Einlauf des neuen Ventils nach dem Maß des ausgebauten kürzen.

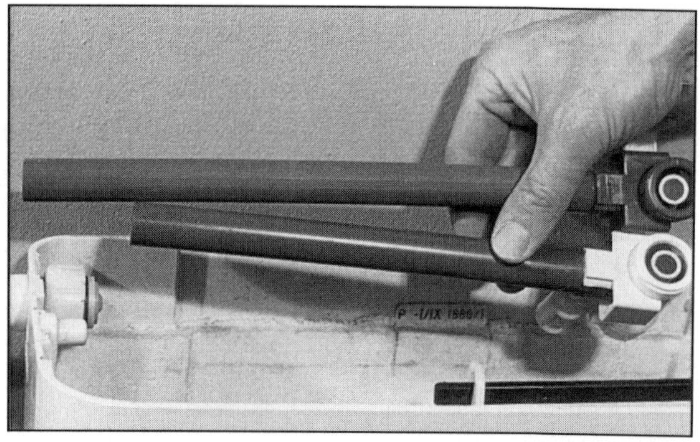

Neues Ventil anschrauben, zuerst mit der Hand, dann gefühlvoll mit der Pumpenzange.

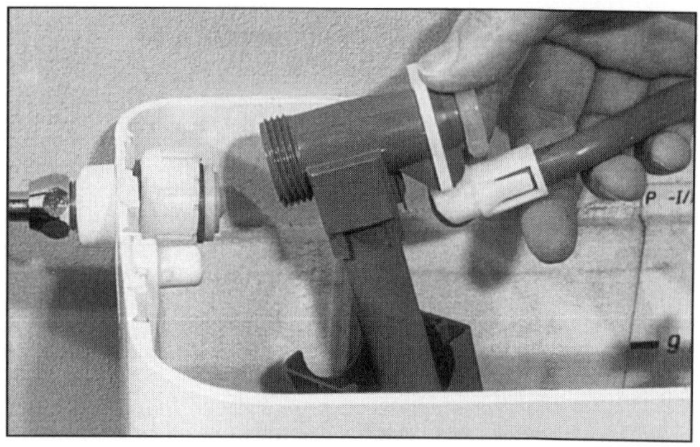

Soll auch die Kastendurchführung ersetzt werden – zum Beispiel bei einem Fremdfabrikat – die Verschraubung mit einer Armaturenzange lösen.

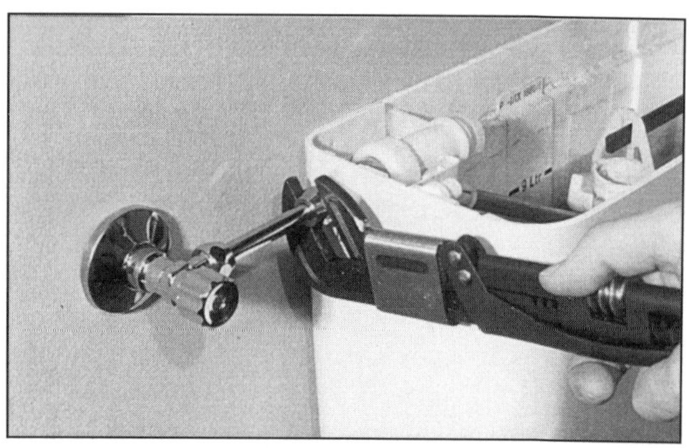

Abdeckkappe wegschieben, Befestigungsmutter mit Armaturen- oder Pumpenzange lösen, Ventilkörper nach innen wegziehen und vom Verbindungsröhrchen lösen.
Auf Quetschdichtung achten.

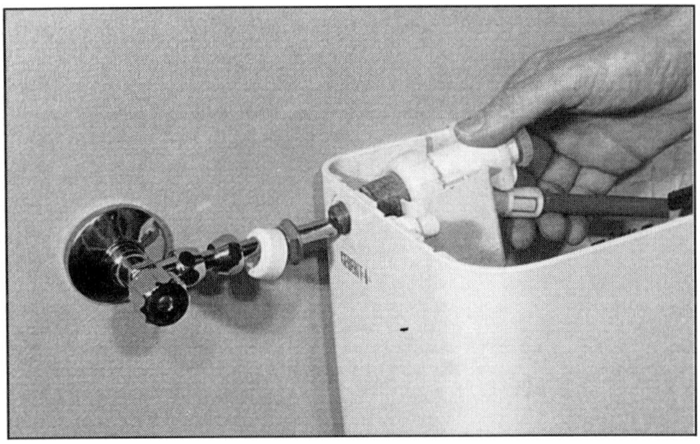

Neuen Ventilkörper in die Kastendurchführung einschieben und auf das Verbindungsröhrchen auffädeln. Innere Kontermutter passend einstellen.

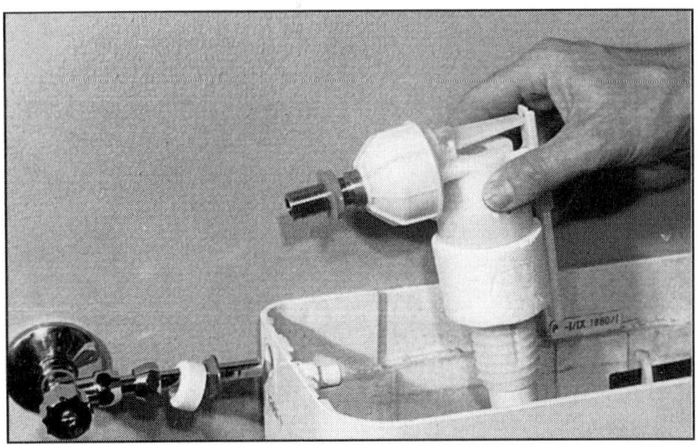

Äußere Befestigungsmutter andrehen und mit der Pumpenzange anziehen.
Rosette aufschieben und Klemmringmutter wieder mit der Armaturenzange anschrauben.

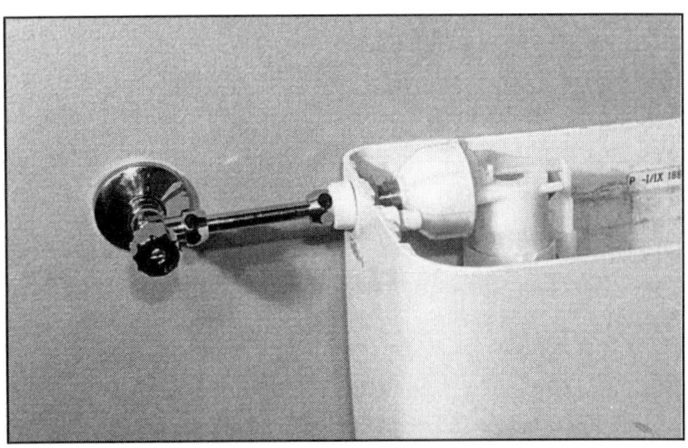

Druckspüler reparieren

Hierzu: Wasser abstellen S.7

Druckspüler sind relativ einfache, manchmal aber äußerst empfindliche Armaturen. Kleine Ursachen haben eine große Wirkung. Ein leidiges Thema ist die verstopfte Düse, ein kaum sichtbares Loch, das dann nicht mehr durchlässig ist. Als Miniwerkzeug gebrauchen wir zum Reinigen einen Düsendraht, den es meistens als Zupack zu Ersatzteilen gibt.

Druckspüler können sowohl am Klosett als auch am Urinal vorhanden sein. Insgesamt sind auch hier wieder verschiedene Fabrikate und Ausführungen möglich. Die folgenden Abbildungen zeigen einen Urinaldruckspüler mit Druckknopfbetätigung.

Bei Neuinstallation muß einem Druckspüler im selben Raum eine Absperrvorrichtung vorgeschaltet sein.

Wasser abstellen, die Abdeckkappe mit einer Armaturenzange lösen und mit der Hand ganz abschrauben.

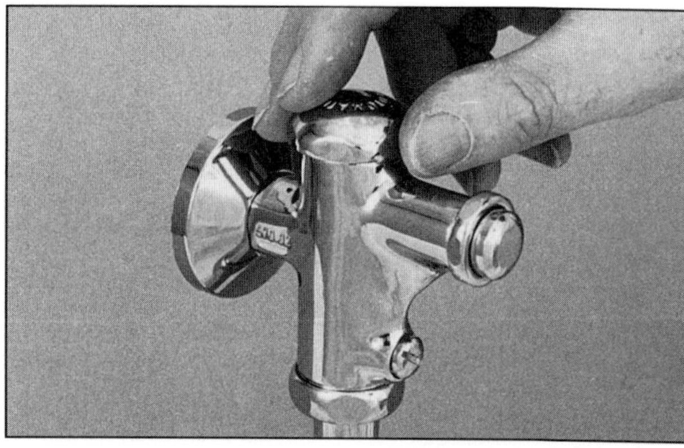

Kappe und Feder entfernen.
Bei einigen Spülerausführungen sitzt die Feder im zweigeteilten Kolben.
Dann also zuerst eine Kolbenhäfte und später die Feder entfernen.

Den Kolben mit den Fingern oder wenn das nicht geht, mit einer Spitzzange herausziehen.

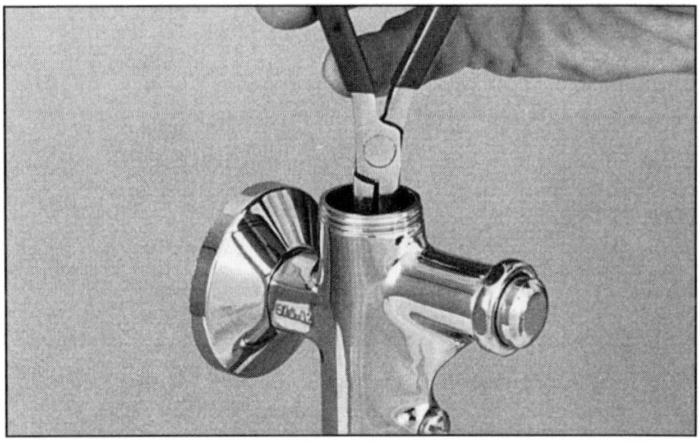

Der Kolben wird sichtbar.

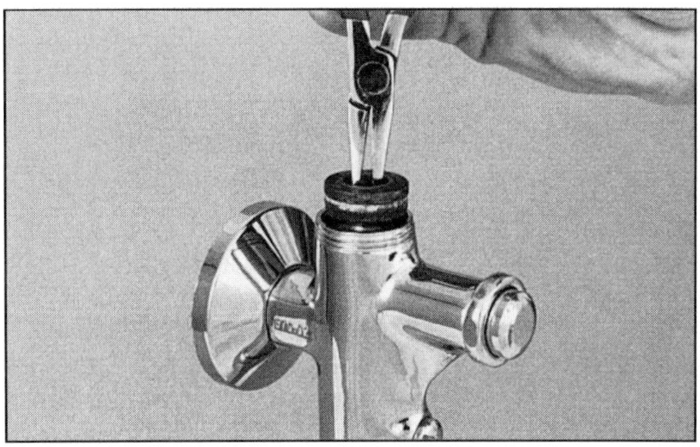

Ventilsitz auf Unversehrtheit prüfen. Gegebenenfalls Schmutz- oder Kalkablagerungen entfernen.

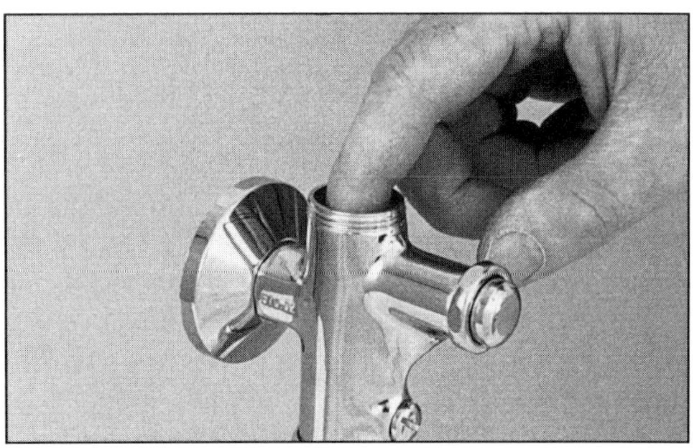

Der Kolben hat eine Dichtung, die der Dichtung des Wasserhahns entspricht.
Ist diese Dichtung defekt, bitte auswechseln.

Hierzu: Dichtung am Zapfventil S.30

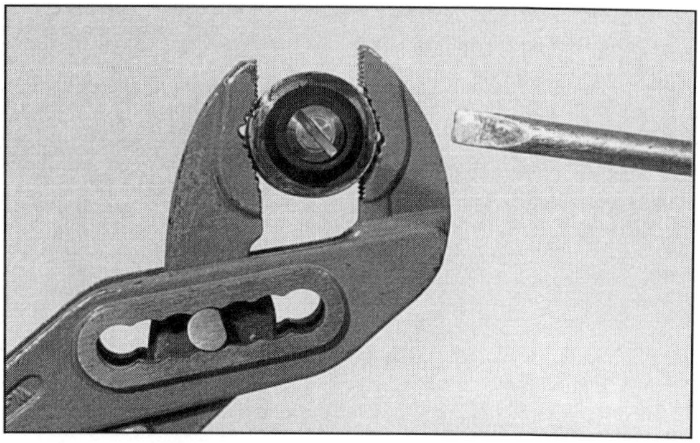

Wenn die Spüldauer zu kurz ist, kann die Ledermanschette ausgetrocknet oder defekt sein. Ist sie ausgetrocknet, bitte mit einem Schraubenzieher aufweiten.

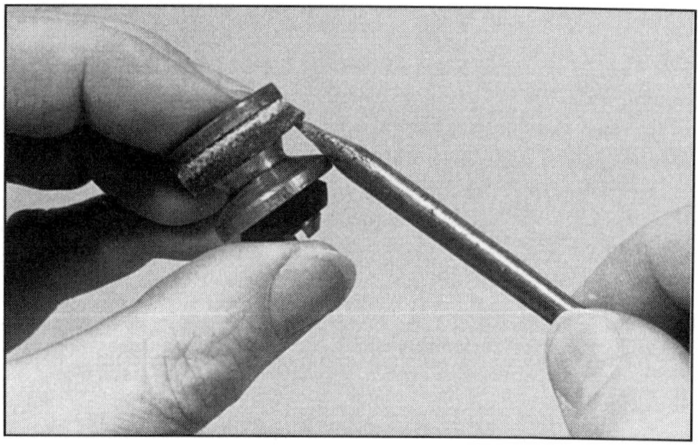

Zum Auswechseln der Manschette die obere Befestigungsmutter abdrehen. Zuerst mit der Pumpenzange, dann mit der Hand.

Defekte Manschette entfernen und durch eine neue ersetzen. Ersatzstück nach dem Muster der alten beim Sanitärhandel besorgen.

Zwischendurch noch die Düse mit einem Düsendraht reinigen. Düse dabei nicht aufweiten.

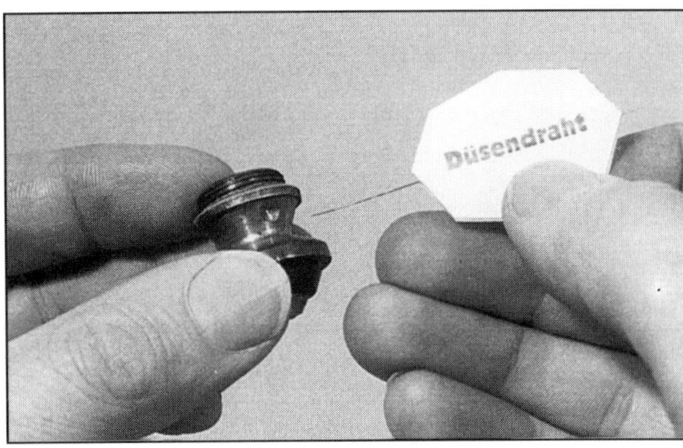

Dann Kolben wieder in den Druckspüler einsetzen. Im Fachhandel kann man in aller Regel auch komplette Austauschkolben bekommen. Der Kolben ist natürlich fabrikatabhängig, also beim Kauf darauf achten.

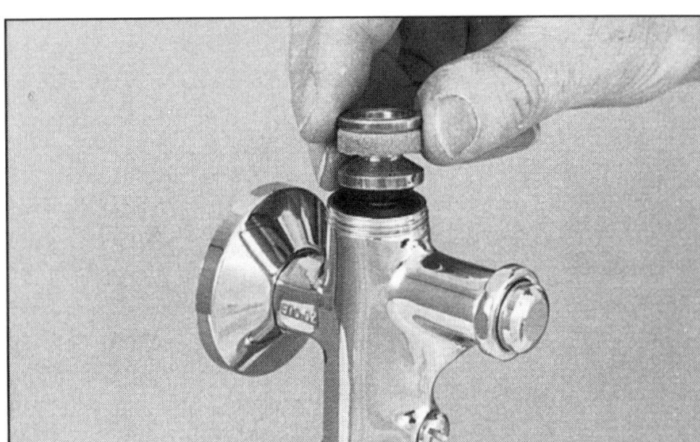

Feder und Kappe montieren.
Auf saubere und intakte Deckeldichtung achten. Mit der Armaturenzange Kappe festschrauben.

Nun muß noch die Durchflußmenge eingestellt werden.
Dazu das Wasser wieder anstellen. Dann die Abdeckschraube lösen.

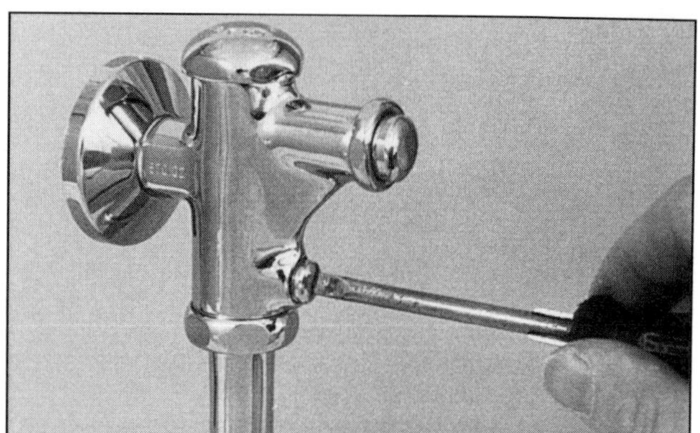

Wassermenge an der Stellschraube einstellen.
Richtige Menge durch Probieren finden.

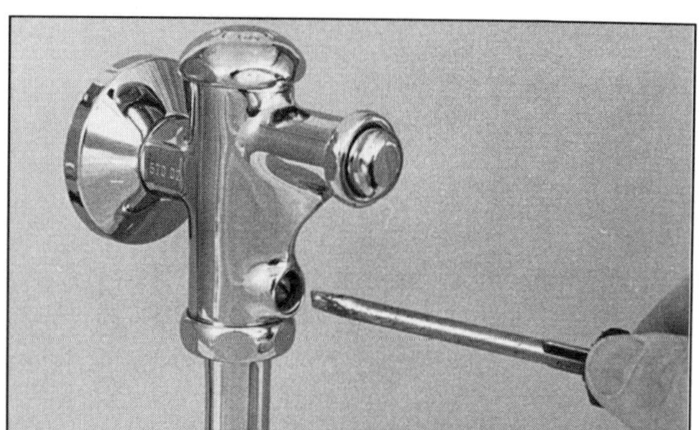

Klosett und Spülkasten erneuern

Hierzu: Wasser abstellen S.7
Eckventilanschlüsse S.45
ggf. Bohren und Dübeln S.53
Kunststoffrohre S.18
Trennen, Fasen S.20

Ein moderner Spülkasten gibt dem WC ein neues Gepräge.

Klosett und Spülkasten sind relativ leicht auswechselbar. Wobei natürlich beide Teile auch für sich allein ersetzt werden können. Die Anschlüsse sind weitgehend genormt, so paßt vieles wieder zusammen. Das gilt in manchen Fällen sogar für die Farbe.

Soll ein Druckspüler ersetzt werden, so handeln Sie bitte wie beim Eckventil (siehe Seite 57).

Zusätzlich vorher das Spülrohr demontieren und nachher wieder anbringen.

Bevor Sie am Spülkasten arbeiten, bitte das Eckventil schließen und den Spülkasten entleeren.

Einige Spülkästen haben auch eine innenliegende Absperrmöglichkeit.

Zuerst trennen Sie den Spülkasten von der Wasserleitung.

Oft kann man das Verbindungsröhrchen bereits jetzt aus den Anschlußstellen lösen. Vorher natürlich die eventuell eingequetschten Dichtelemente lockern.
Wenn Sie auch das Eckventil auswechseln wollen, bitte an anderer Stelle das Wasser abstellen.

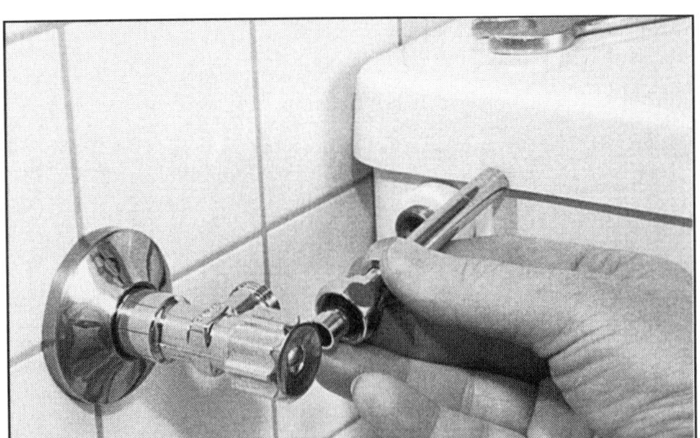

Wenn der Spülkasten von der Wasserleitung getrennt ist, schrauben Sie ihn vom Spülrohr ab. Dazu – meist geht es mit der Hand – die dicke Überwurfmutter unten am Kasten lösen.

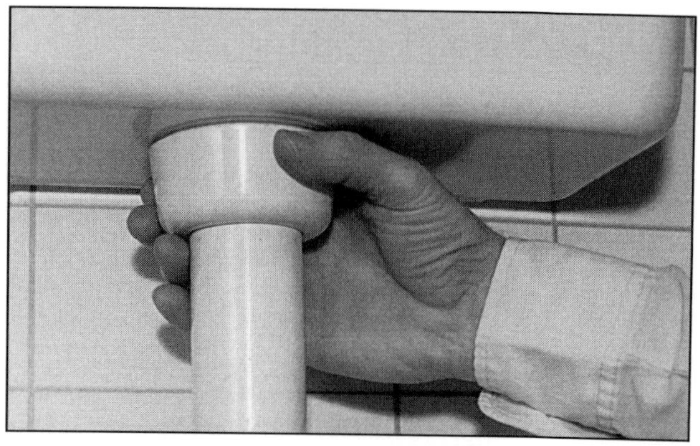

Die Überwurfmutter gänzlich abschrauben und eventuell die eingequetschte Dichtung lockern.

Nachdem beide Leitungen vom Spülkasten abgeschraubt sind, können Sie ihn nach oben abheben. Die Befestigung besteht zumeist aus Aufhängelaschen, die unabhängig vom Spülkasten an der Wand befestigt sind. Ältere Kastenmodelle sind direkt an die Wand geschraubt.
Bitte schauen Sie vorher genau nach.

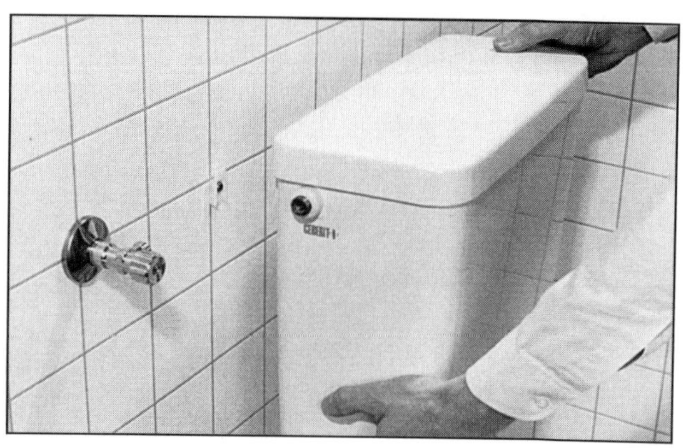

Alten Klosettkörper entfernen

Nun machen wir uns an den Klosettkörper. Versuchen Sie zunächst mit einem Gummisauger das Wasser im WC-Siphon in den Abfluß zu drücken. Etwas Wasser wird jedoch immer zurückbleiben, also Vorsicht beim Ausbau.
Schrauben Sie den Klosettkörper zunächst vom Boden los.

Ist das Klosett zusätzlich mit einer dauerelastischen Masse abgedichtet, müssen Sie diese Abdichtung mit einem Messer aufschneiden.
Den Klosettkörper mit beiden Händen fassen und mit leichten Pendelbewegungen vom Wasserrohr abziehen.

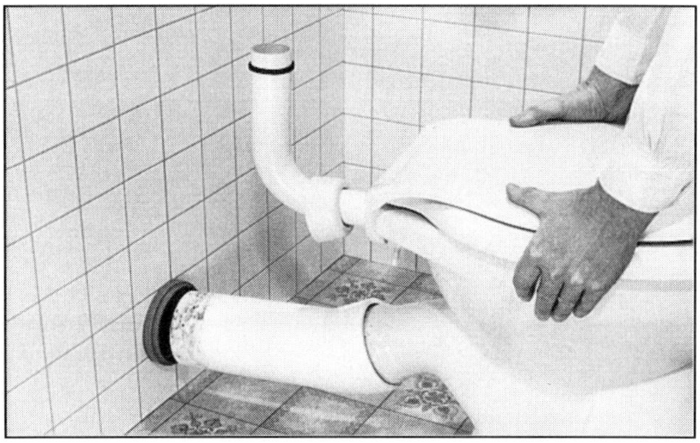

Als erste Montagehandlung versuchen Sie, ob der neue Spülkasten auf die vorhandenen Aufhängelaschen paßt.

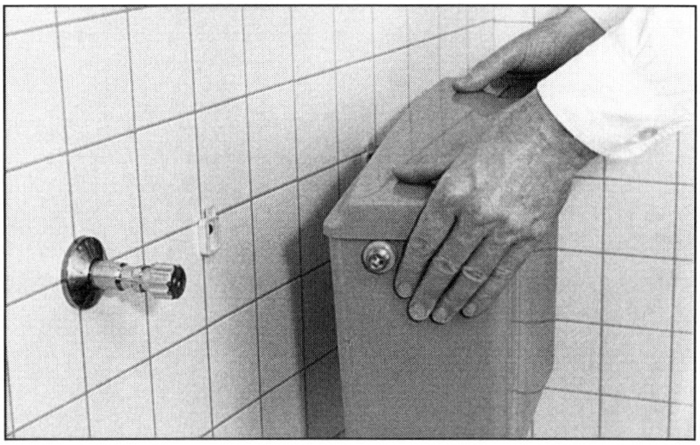

Sollten die Aufhängelaschen nicht passen, dann ersetzen Sie sie bitte durch die zum Spülkasten gehörende Ausführung. Gegebenenfalls müssen Löcher gebohrt und Dübel gesetzt werden (siehe Seite 53).

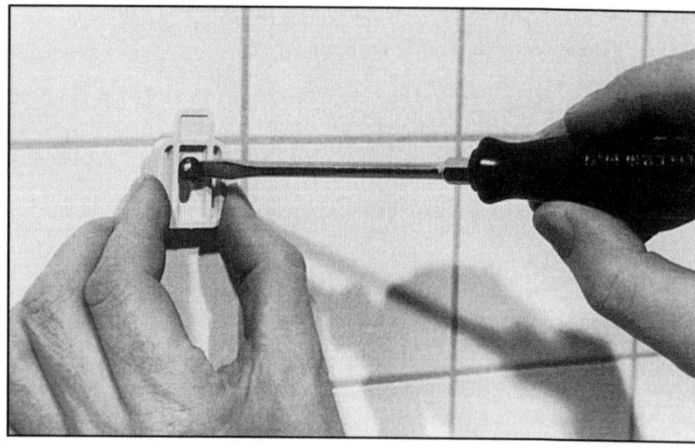

Das ausgebaute Klosettbecken hatte einen Abwasserabgang „schräg nach hinten“. Das neue Klosett ist dagegen ein Europa-Modell mit Universalabgang. Der Universalabgang ist „waagerecht nach hinten“.
Den entsprechenden Unterschied zum Abwasserrohr müssen wir mit Abgangsbogen überbrücken.

Hier in diesem Fall passen zwei Bogen mit je 22 Grad Abwinkelung. Diese Bogen gibt es in verschiedenen Ausführungen und in allen Sanitärfarben.
Um leichter arbeiten zu können, nehmen Sie den Dichtring zunächst aus dem Abwasserrohr heraus.

Neues Klosett anschließen

Nach dem Probieren und Anpassen drücken Sie einen Bogen auf den Klosettstutzen auf. Die integrierte Dichtung des Bogens schließt die Verbindung wasserdicht ab.

Bogen also ansetzen und bis zum Anschlag aufschieben.

Den zweiten Bogen auf den ersten drücken und das Ganze in das Abwasserrohr einfädeln, zunächst noch ohne Muffendichtung.

Viele der moderen Spülkästen sind relativ flach, so kann auch das neue Klosett näher an die Wand gerückt werden.
Das müssen Sie probieren. Dazu den Spülkasten aufhängen und den Klosettdeckel in leichter Schräglage halten.

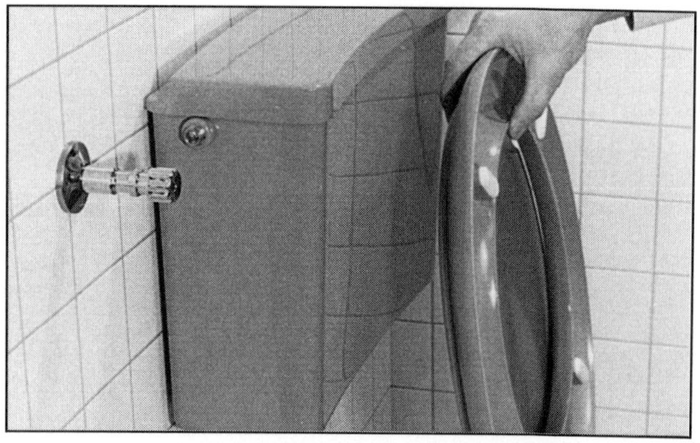

Sie nehmen das Maß zwischen dem oberen Rand des schräggestellten Klosettdeckels und dem Spülkasten und übertragen dieses auf das Ende des Anschlußbogens. Hier können Sie das Rohr absägen (siehe Seite 20).

Der Abfluß ist soweit vorgerichtet. Jetzt muß das Spülrohr zwischen Spülkasten und Klosettbecken angepaßt werden.
Sie halten das Rohr entsprechend an und markieren dann die Schnittstellen deutlich.
Auch hier dann das Rohrende absägen und anfasen.

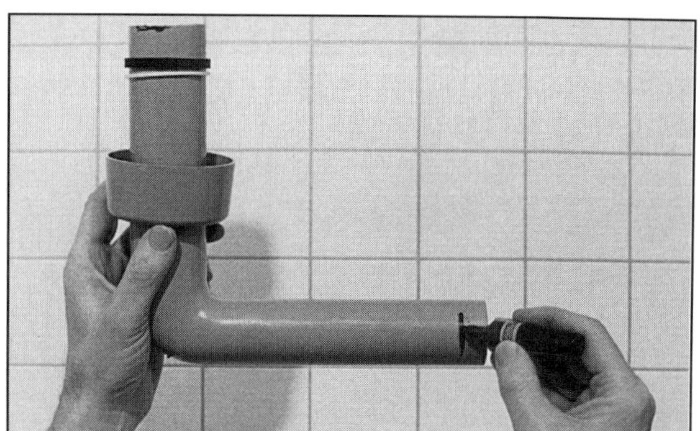

Zum Lieferumfang des Spülkastens gehört eine Dichtung, die eine sichere Verbindung zwischen Klosett und Spülrohr herstellt. Diese Dichtung bitte in den Spülrohranschluß des Klosetts eindrücken.

Das passend hergestellte Spülrohr in die Spülrohrdichtung bis zum Anschlag einschieben.
Die Spülkastenverschraubung einschließlich Dichtringe auf das obere Rohrende auffädeln.
Geht das nicht problemlos, benutzen Sie ein Gleitmittel, wie auf Seite 19 angegeben.

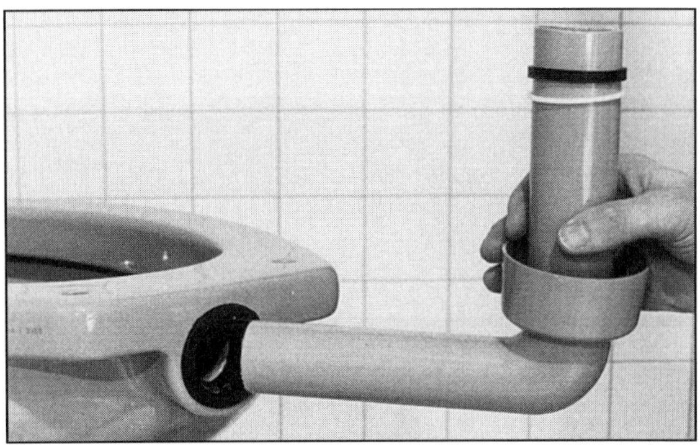

Klosett schön gerade hinstellen und ausrichten.
Dann mit einem Filzstift durch die Befestigungslöcher hindurch auf dem Boden Markierungen anbringen.
Sollte das Klosett wackeln, beachten Sie bitte den zweiten Abschnitt auf Seite 94.

An den markierten Stellen Bohrungen, wie auf Seite 53 beschrieben, anbringen und Dübel einsetzen. Der Handel hat zumeist entsprechende Klosettbefestigungssätze vorrätig.

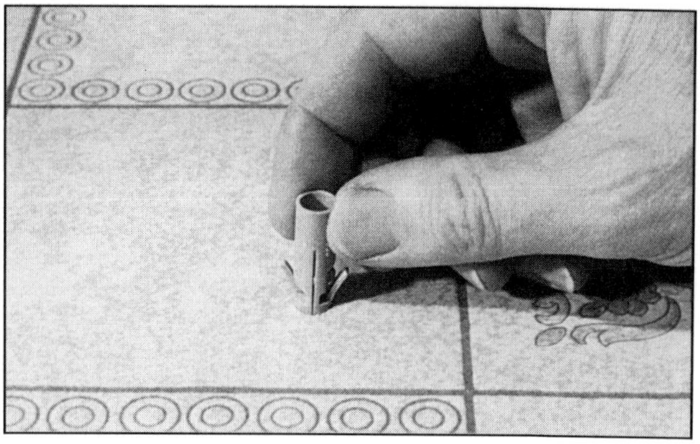

Das Klosett wackelt

Haben Sie beim Aufstellen festgestellt, daß das Klosett wakkelt, was bei einem Fliesenbelag häufig der Fall ist, müssen Sie nun vor der endgültigen Montage noch einen Strang dauerelastischer Masse unter den Rand des Klosettfußes aufgeben.

Probieren Sie danach, ob das Klosett nun absolut fest steht – sonst müssen Sie noch mehr Masse auftragen.

Nach der endgültigen Montage entfernen Sie die zwischen Fuß und Boden herausquellende Masse mit einem Spachtel.

Die verbleibende Fuge glätten Sie mit dem Finger, den Sie vorher in Spülmittel getaucht haben.

Nun kann die gesamte Einheit fertig hergestellt werden.
Bitte die Dichtung in das Abwasserrohr einlegen und die Abdeckrosette nicht vergessen.

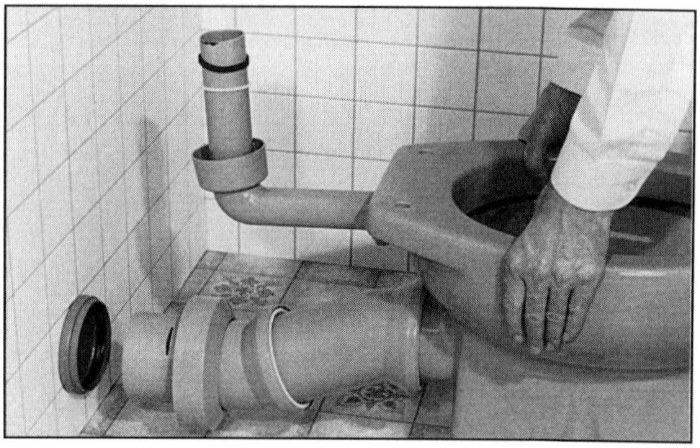

Befestigungsschraube mit zugehöriger Unterlegscheibe aus Kunststoff in das Befestigungsloch einstecken und mit einem passenden Schraubendreher einschrauben.

Das Klosett ist abwasserseitig angeschlossen und am Fußboden befestigt.
Die Befestigungsschrauben haben noch Abdeckkappen erhalten.

Spülkasten montieren

Jetzt hängen Sie den Spülkasten endgültig auf die Laschen auf und führen dabei das Spülrohr in den Stutzen des Kastens ein.

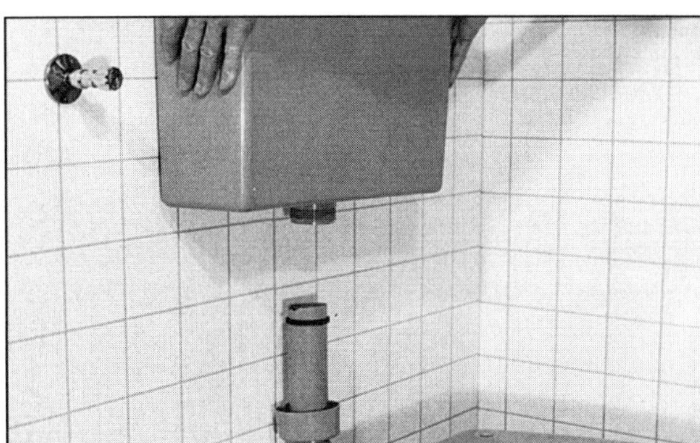

Die Dichtungen an den Stutzen heranschieben und die Verschraubung auf das Gewinde handfest aufdrehen.

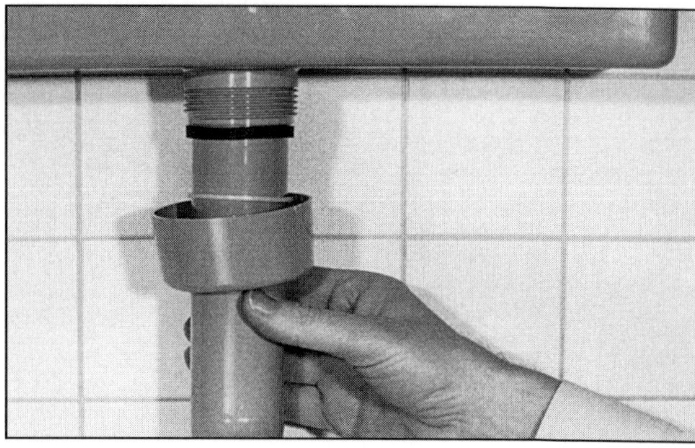

Oftmals paßt sogar das vorher ausgebaute Verbindungsröhrchen zwischen Spülkasten und Eckventil. Zumeist liegt jedoch einem neuen Spülkasten ein Anschlußset bei. Das Rohr dann entsprechend kürzen, wie auf Seite 47 erklärt, mit den Dichtungen versehen und in die Anschlüsse einschieben.

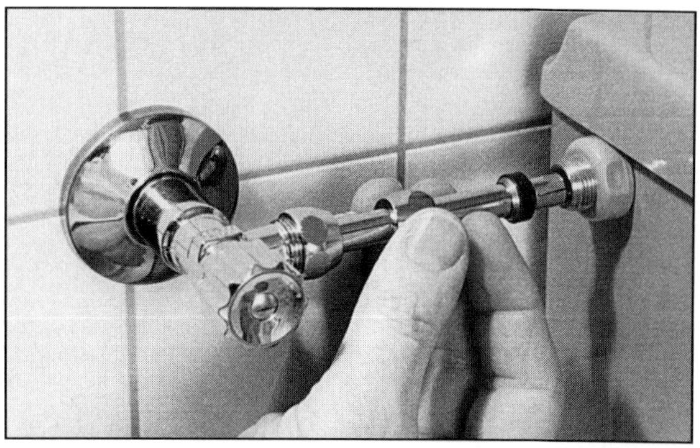

Mit dem Schraubenschlüssel oder der Armaturenzange ziehen Sie die Überwurfmuttern dann noch fest.
Verbliebe noch, den Klosettdekkel mit dem WC-Körper zu verbinden (so beschrieben auf Seite 74).

Hochhängenden Spülkasten durch tiefhängenden ersetzen

Hierzu: Wasser abstellen S.7
Eckventil S.57
Kupferrohre S.9, S.11

Bei der Renovierung des WC's soll zumeist der hochhängende Spülkasten durch einen tiefhängenden ersetzt werden.
Wenn auch der Fliesenbelag zu erneuern ist, empfiehlt es sich, die neue Wasserleitung unter Putz zu verlegen. Dann stemmen Sie einen Wandschlitz und führen die Wasserleitung herunter vom alten Anschluß zum jetzt zu installierenden Eckventil. Das alte Eckventil in Höhe des hochhängenden Spülkastens ist dann durch einen Winkel 4092g (siehe S. 10) zu ersetzen.
Vielleicht ist auch im Bereich des neuen Spülkastens eine Wasserleitung erreichbar, dann kann die alte Leitung stillgelegt werden. Das Verlegen der Rohre und der Übergänge haben wir schon ab Seite 9 besprochen.

Soll der Fliesenbelag erhalten bleiben, stellen Sie die neue Rohrverbindung oberhalb der Fliesen her.
Zuerst demontieren Sie den alten hochhängenden Spülkasten einschließlich Spülrohr und sonstigem Zubehör. Wird auch das Klosettbecken erneuert, kann es jetzt, wie eben ab Seite 89 beschrieben, aufgebaut werden.
Auch den tiefhängenden Spülkasten können Sie schon fertig installieren.
Jetzt die Wasserleitung. Sie haben auf der nebenstehenden Zeichnung schon erkannt, wie die Verbindung hergestellt wird. Bei Überputzverlegung brauchen Sie die Leitung nicht vom Anschluß her direkt senkrecht zu verlegen, sondern können sich nach den räumlichen Gegebenheiten richten.
Das Eckventil wird hier im Beispiel so gedreht, daß der Rohranschluß nach unten zeigt. Für die Verbindung benutzen Sie ein verchromtes Kupferrohr.

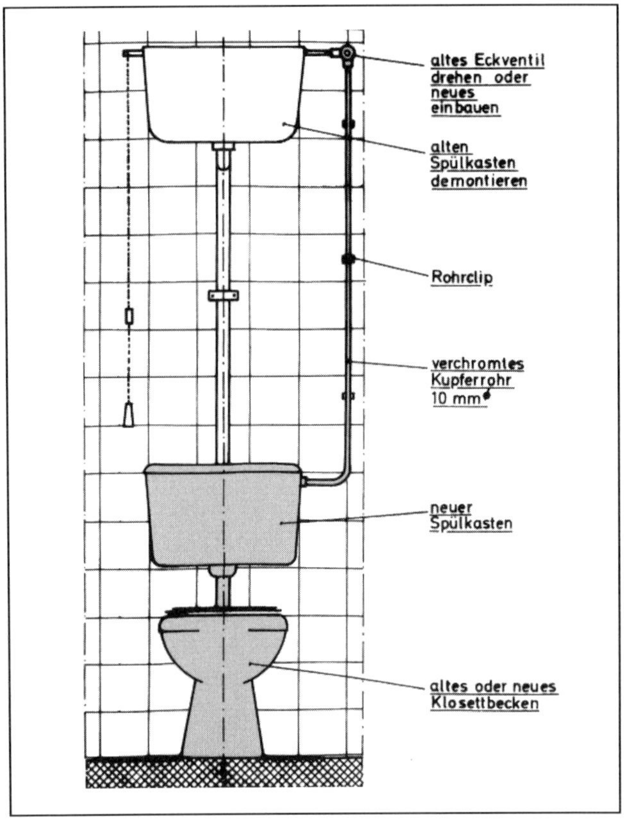

Einige Rohrclipse aus Kunststoff fixieren die Leitung.
Unten führen Sie das Rohrende einfach in die Spülkastenverschraubung ein – ohne Ventil dazwischen.
Zum Ausgleich der Wandabstände zum Ventil und zum Spülkasten verkröpfen Sie die Leitung. Verschraubungen noch anziehen.

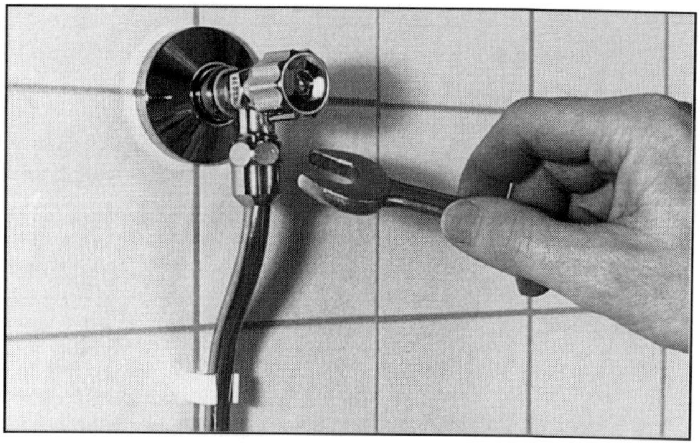

Dusche und Badewanne

Wir gehen auch hier schrittweise vor und beginnen mit den Reparatur- und Wartungsarbeiten an den Armaturen von Dusche und Badewanne.

Den Geruchverschluß ähnlich wie den des Waschbeckens behandeln (siehe Seite 41).

Zur Reinigung des Ablaufs gehen Sie ähnlich vor wie beim Waschbecken. Bei Brause- und Badewannen gibt es zumeist eine Revisionsöffnung, z. B. Fliesen, die in einem Rahmen lose angeordnet sind. Nach dem Öffnen dieses Fliesenstücks wird der Geruchverschluß sichtbar. Rändelüberwurfmuttern mit einer Pumpenzange lösen, Teile ausbauen und säubern.

Brausesieb reinigen

Bei dieser Handbrause ist das Sieb eingeschraubt.
Mit der Pumpenzange – aber vorsichtig und eventuell einen Lappen zwischenlegen – das Sieb lösen.

Das Brausesieb mit der Hand ganz abschrauben. Sieb und Dichtung säubern.
Einzelne Löcher mit einer Nadel von Verunreinigungen befreien.
Sieb wieder aufschrauben und festziehen.

Das Sieb dieser Handbrause wird durch eine Schraube gehalten. Schraube lösen.

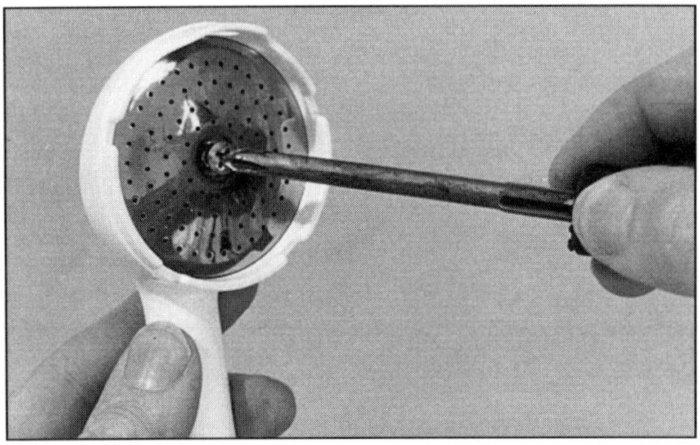

Sieb und Dichtung reinigen. Alles wieder zusammenbauen. Dabei auf die Dichtung zwischen Korpus und Sieb achten.
Wenn die Dichtung defekt ist, ist eine Reparatur kaum möglich, da es diese Dichtung nicht einzeln gibt.

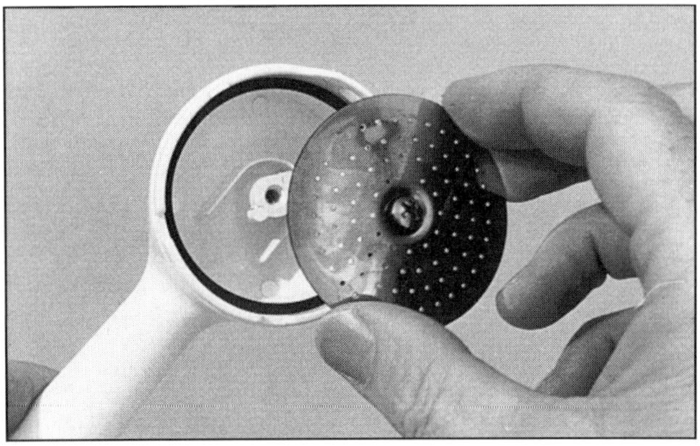

Brauseschlauch auswechseln

Beim Kauf auf Schlauchausführung achten.

Brauseschlauch ist nicht gleich Brauseschlauch. Bevor Sie einen Schlauch kaufen, achten Sie auf folgendes: Schläuche haben unterschiedliche Längen und Anschlußgewinde. Sie können aus Metallgliedern mit einem innenliegenden Gummischlauch bestehen oder voll aus Kunststoff sein. Dann gibt es Kunststoffschläuche, die wie Metallschläuche aussehen.

Der gebräuchlichste Brauseschlauch hat beiderseits eine Überwurfmutter ½ Zoll. Es gibt jedoch viele Brausebatterien, die am Ausgang ein ¾ Zoll-Gewinde haben. Hier benötigt man also einen Schlauch mit einerseits ½ Zoll- und andererseits mit ¾ Zoll-Gewinde.

Wenn die Länge des vorhandenen Schlauches ausreichend war, dessen Maß als Einkaufshilfe nehmen.

Auszuwechselnden Brauseschlauch von Batterie lösen. Zuerst mit einer Armaturenzange oder einem Gabelschlüssel, dann mit der Hand.

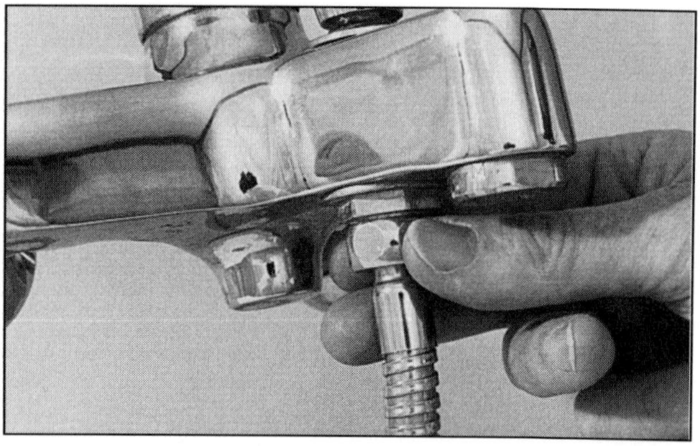

Schlauch von der Handbrause lösen.

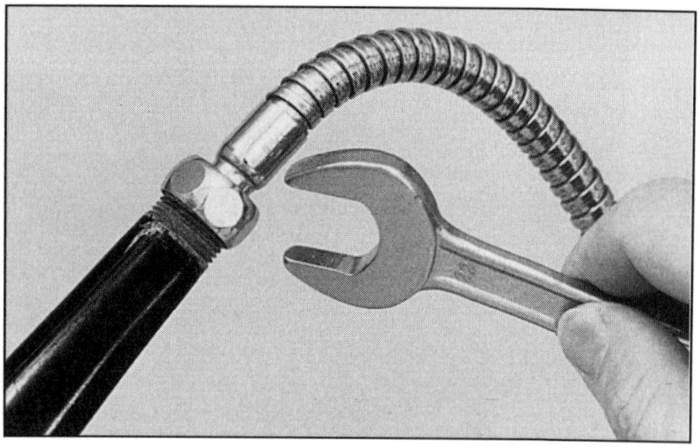

Der neue Schlauch wird unter Verwendung neuer Dichtungen angebracht. Die Dichtungen sind dem neuen Schlauch zumeist bereits beim Kauf beigepackt. Somit haben Sie immer gleich die passenden Maße.

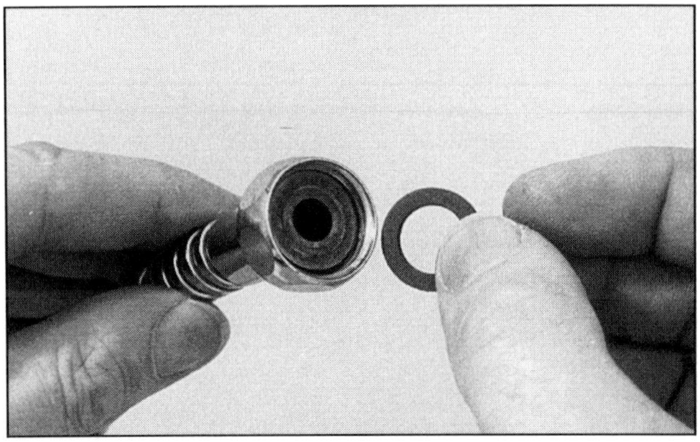

Die alte Handbrause wieder anbringen.

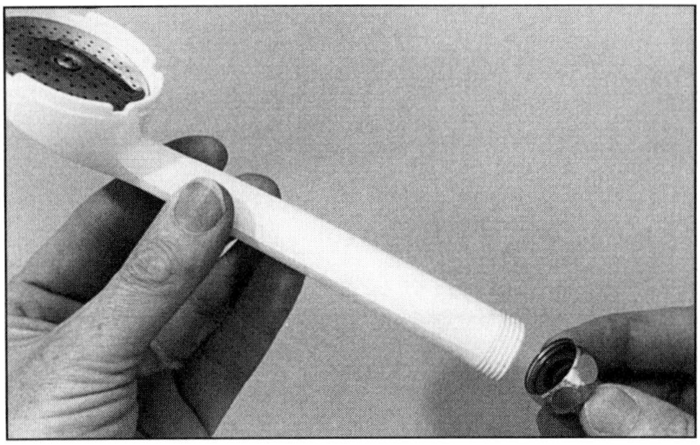

Metall- oder Kunststoffbrauseschlauch?

Ob Metall- oder Kunststoffbrauseschlauch ist in vielen Fällen eine Frage des Preises, aber auch der Verwendungszweck sollte ausschlaggebend sein.

Das elegante Bad kommt wohl ohne Metallschlauch nicht aus. Kunststoffschläuche sind dort sinnvoll, wo der Schlauch stärkeren Belastungen ausgesetzt ist. Zum Beispiel werden Kinder mit einem Metallschlauch recht schnell fertig. Einen möglichen Kompromiß stellen Kunststoffschläuche mit Metallschlaucheffekt dar, wie auf den Abbildungen der nächsten Seite gezeigt.

Auch die Schlauchlänge ist oft von ausschlaggebender Bedeutung. In der Badewanne muß er so lang sein, daß mit der Brause auch problemlos alle Stellen der Wanne gereinigt werden können.

Der Kunststoffbrauseschlauch mit dem Metallschlaucheffekt hat gleichzeitig eine integrierte Dichtung.
Die Mutter nur mit der Hand anziehen.

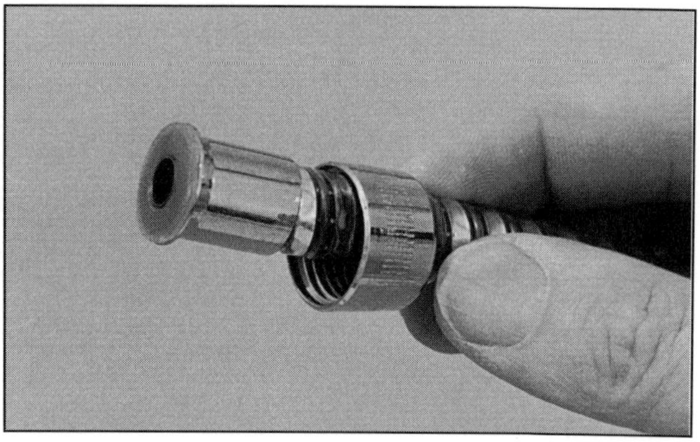

Die vorhandene Handbrause wird mit dem neuen Brauseschlauch verbunden.

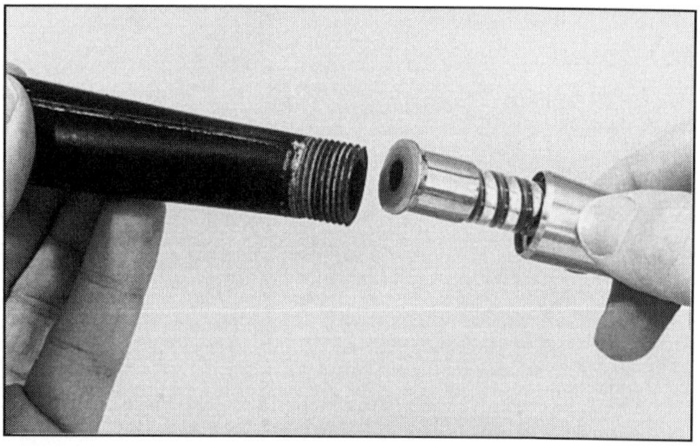

Die konische Überwurfmutter wird nur mit der Hand stramm angezogen.
Die integrierte Dichtung dichtet die Verbindung sicher ab.

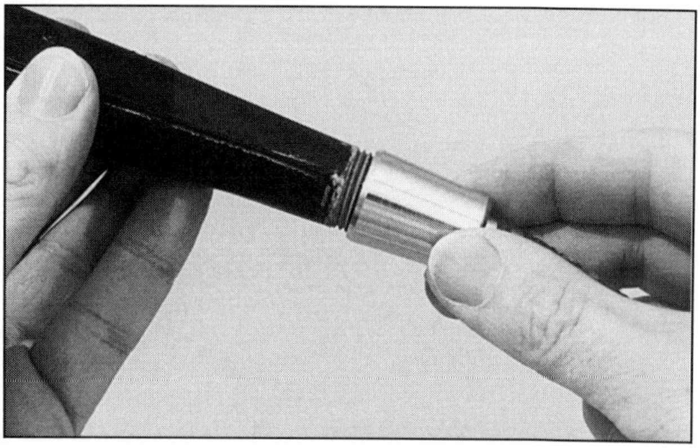

Umstellhebel für Brause reparieren

Das Umstellen bei Badewannenbatterien auf Handbrausenbetrieb erfolgt durch einen Hebelmechanismus. Bei moderneren Batterien ist dies ein Umstellknopf, der nach Abschalten der Handbrause automatisch in die Stellung für Batteriebetrieb zurückkehrt. Durch Kalkablagerungen kann dieser Mechanismus behindert werden: schrauben Sie den Einsatz mit einem Gabelschlüssel heraus. Umstellknopf dabei etwas anheben.

Kontrollieren Sie bitte alle Dichtungen. (Meistens sind die Dichtungen jedoch in Ordnung.) Bei diesem Modell bitte die Abdeckkappe vom Knopf lösen und die Sechskantmutter abschrauben. Knopf entfernen.

Jetzt können Sie das untere Teil aus dem Gehäuse herausziehen. Bitte alle Teile gründlich reinigen und auf Leichtgängigkeit hin überprüfen.
Die Feder und die Buchsen noch mit Armaturenfett einschmieren und alles wieder zusammenbauen.
Reinigen Sie nun noch den Sitz in der Batterie, dann die Umstellmechanik wieder in die Batterie einschrauben. Dabei den Umstellknopf etwas anheben.

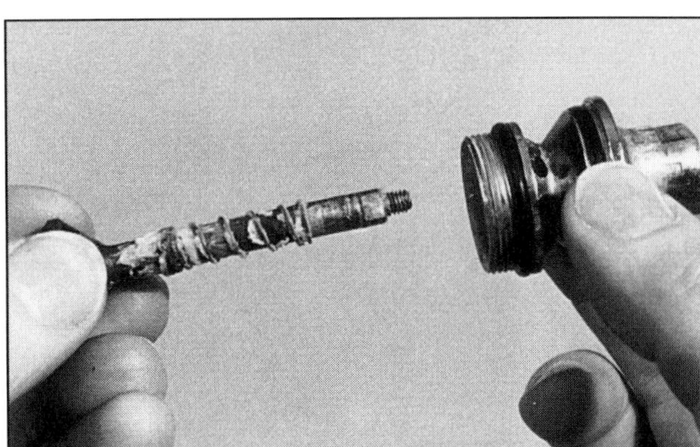

Ältere Batterien haben meistens Umstellhebel, die nicht automatisch zurückschalten, sondern per Hand in die entsprechende Stellung gebracht werden.
Hier sind durch das häufige Bewegen vielfach die abdichtenden Runddichtungen – O-Ringe – defekt.
Kalkablagerungen lassen den Hebel schwergängig werden.
Zur Reparatur schrauben Sie die Hutmutter unten an der Batterie vom Hebelende ab.

Hebel nach oben aus der Batterie herausziehen. Das ist oft nicht leicht.
Kalkreste und andere Ablagerungen klemmen die Teile vielfach ein.
Danach den Anschlußkrümmer für den Brauseschlauch herausdrehen.

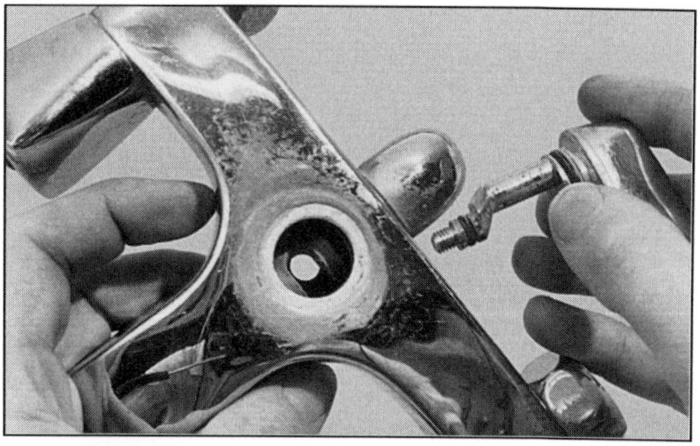

Nun kann der Umschalteinsatz mit seinen beiden Dichtungen herausgezogen werden.
Gegebenenfalls die Dichtungen erneuern.
Das Innere der Batterie gründlich reinigen.
Alles mit Armaturenfett bestreichen und Umstellmechanik wieder in die Batterie einbauen.

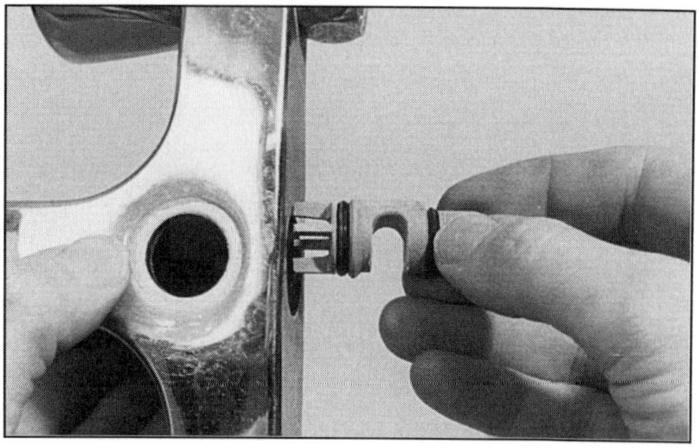

Wandbatterie erneuern

Hierzu: Wasser abstellen S.7
Gewinde eindichten S.25

Wandmischbatterien sind nicht nur im Bereich Bade- und Brausewanne zu finden, auch Spültisch- und Waschtischbatterien können so ausgeführt sein.

Wandmischbatterien haben, mit Ausnahme weniger Exoten ein Anschlußmaß von 150 mm. Das ist die Länge zwischen dem Kalt- und Warmwasseranschlußstutzen, jeweils von der Rohrmitte aus gemessen. Diese Anschlußstutzen der Batterie werden über die S-Stücke an die Zuleitungen für Kalt- und Warmwasser montiert.

Diese S-Stücke erlauben zumeist einen Ausgleich von insgesamt 25 mm, so daß der Abstand zwischen den beiden Anschlüssen der Batterie, jeweils von Mitte zu Mitte gemessen 125 mm bis 175 mm betragen kann.

Nach dem Absperren der Kalt- und Warmwasserzuleitungen, lösen Sie die Verschraubungen der alten Wandbatterie mit einer Armaturen- oder Pumpenzange.

Verschraubungen mit der Hand ganz abdrehen. Batterie dabei etwas anheben, dann geht das Abschrauben leichter.

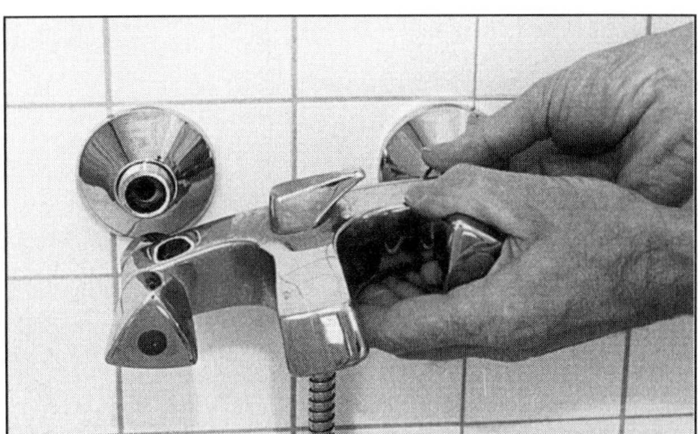

Die Batterie ist nun lose und kann entfernt werden.

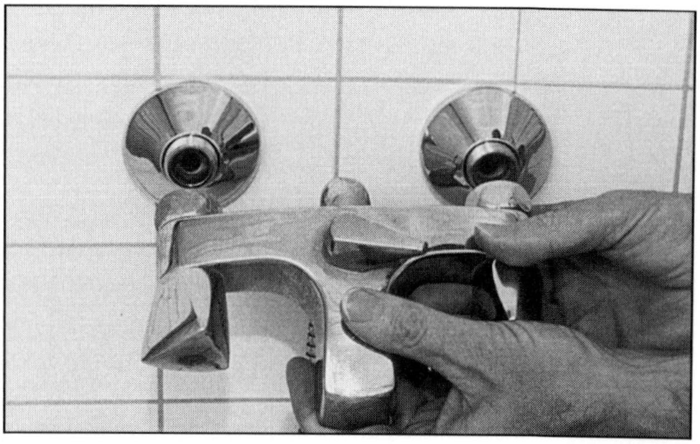

Kontrollieren Sie bitte, ob die Dichtflächen sauber und unbeschädigt sind.
Dichtungsreste mit einer Feile oder einem Messer entfernen.

Auch wenn die S-Stücke brauchbar sind, können Sie in den meisten Fällen die alten Rosetten gegen die der neuen Batterie austauschen.

S-Anschlüsse montieren

Müssen die Wandanschlüsse, die sogenannten S-Stücke doch ausgewechselt werden, da die alte Dichtfläche zum Beispiel schadhaft ist, können Sie diese mit einer Pumpen- oder Schwedenzange herausdrehen.
Sollte sich dabei hinten in der Wand ein Verlängerungsstück mit herausdrehen, ist dies nicht schlimm.

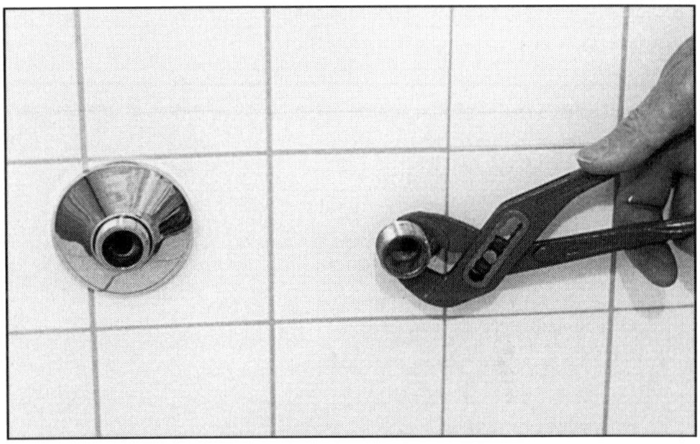

Dann säubern Sie die Gewinde der S-Stücke und dichten sie, wie auf Seite 25 beschrieben, neu ein. Drehen Sie das S-Stück nun in das Verlängerungsstück und beide in das Gewinde des Zuleitungsrohres ein.

Mit den S-Stücken werden Ungenauigkeiten bei der Montage der Rohrleitungen und der Gewindeanschlüsse ausgeglichen.
Die meisten Mischbatterien haben ein Anschlußstichmaß von 150 mm. Durch die S-Stücke, die zumeist eine Verkröpfung von 12,5 mm haben, sind somit Gewindeabstände von 125 mm bis 175 mm erreichbar. In der Zeichnung ist der Verstellbereich gekennzeichnet. Das S-Stück dreht sich um den Punkt „M“.

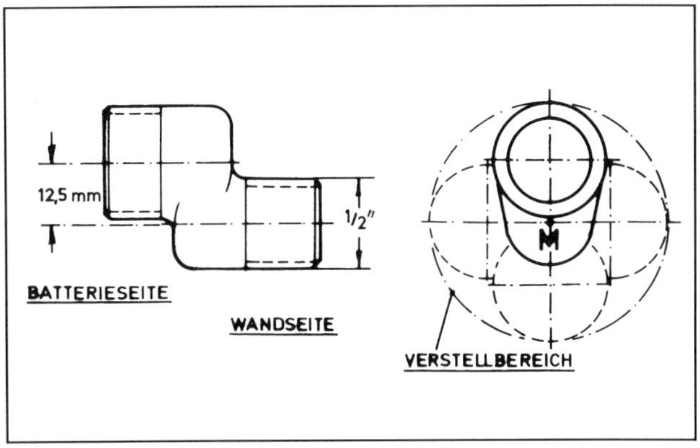

Die S-Stücke müssen in drei Ebenen ausgerichtet werden: Sie müssen erreichen, daß die Dichtflächen beider S-Stücke gleichweit vor dem Fliesenspiegel stehen. Dann muß der Abstand zwischen den Anschlüssen dem Maß der Batterie entsprechen. Messen Sie zuerst aus und probieren dann mit der Batterie. Damit die Batterie gerade steht, legen Sie eine Wasserwaage auf die Gewinde der S-Stücke und richten auch hier aus.

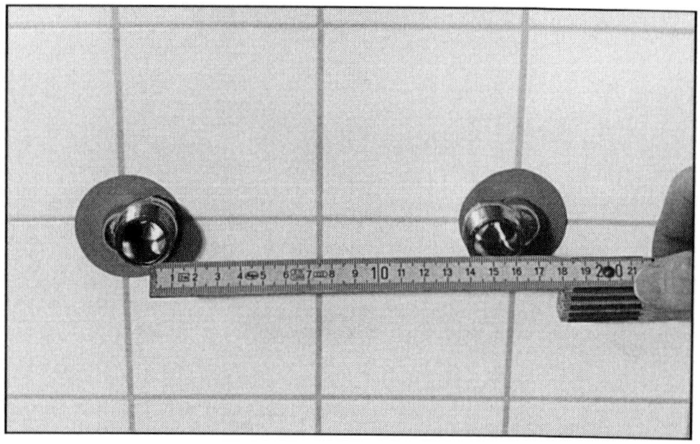

Die neue Batterie anpassen, Dichtungen in die Verschraubungen einlegen.
Drehen Sie beide Verschraubungen bitte mit der Hand fest. Am besten wechselseitig, mal rechts, mal links. Oder beide Seiten mit zwei Händen gleichzeitig.

Ziehen Sie die Verschraubungen dann mit der Armaturenzange oder einem Gabelschlüssel fest an.
Zuletzt noch den Brauseschlauch aufschrauben und festdrehen.

Unterputzbatterien

Unterputzbatterien werden genau wie Unterputzventile fest in die Rohrleitungen unter Putz eingebaut. Man muß sehr genau arbeiten: ein Ausrichten durch S-Stücke, wie bei normalen Batterien, gibt es nicht. Die Rohranschlüsse erfolgen ohne Verschraubungen. Beachten Sie dazu die Montagehinweise der Hersteller.
Meistens darf an oder in der Nähe der Unterputzbatterie auch nicht gelötet werden.

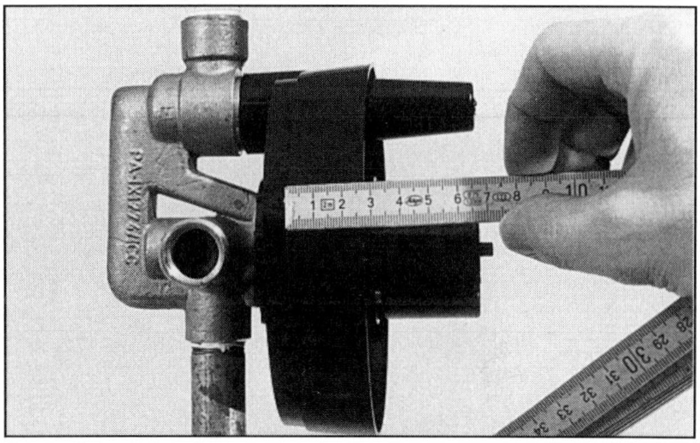

Zur Vereinfachung der Rohmontage ist auf der Batterievorderseite meist eine Montageschablone befestigt, die ich hier weglasse, um die Anschlüsse sichtbar zu haben.
Für unser Modell ist eine Tiefentoleranz von 25 mm statthaft. Erkennbar ist links der Warmwasser- und rechts der Kaltwasseranschluß. Oben geht die Leitung zur Brause ab, vorgeschaltet ist die Umstellung. Unten wird der Wanneneinlauf angeschlossen.

Die Fliesen können nun direkt an die Montageschablone angearbeitet werden. Danach wird die Schablone entfernt und die Einheit mit einer Rosette abgedeckt. Bei späteren Reparaturen wird dann diese Rosette zuerst entfernt. Abgesehen von der Unterputzmontage, sind die Einbauten mit Wandmischbatterien vergleichbar. Oft benötigt man aber Steckschlüssel, um die entsprechenden Anfassungen unter dem Fliesenspiegel zu erreichen.

Brause- und Badewannenmontage

Hierzu: Wasser abstellen S.7
Wandbatterie-Montage S.105
Gewinde eindichten S.25

Das Erneuern einer Bade- oder Brausewanne setzt etwas handwerkliches Geschick voraus. Das Einmauern und spätere Verfliesen ist aus Platzgründen nicht Thema dieses Buches. Ziehen Sie dazu bitte die entsprechenden Bände dieser Buchreihe zu Rate.
Am Heimwerkermarkt dominieren derzeit eindeutig Wannen aus Stahl. Ausführungen aus Gußeisen oder Acrylkunststoffen werden selten angeboten. Deshalb habe ich auch für die folgenden Beschreibungen eine Stahlbadewanne gewählt. Gußwannen sind jedoch ähnlich einbaubar. Bei Acrylwannen lassen sie sich bitte eine Einbauanweisung des Herstellers geben. Brausewannen sind vom Montageprinzip her identisch, so daß ich nur bei den Besonderheiten der Geruchverschlußmontage speziell auf Brausewannen eingehe.

Badewanne ausbauen

Dazu sind in den meisten Fällen die Fliesen und die Ummauerung abzubrechen. Arbeiten Sie bitte so, daß die rückwärtigen Fliesen, sofern sie nicht erneuert werden, unbeschädigt bleiben. Oft sind die Fliesen auf den Wannenrand aufgelegt.
Achten Sie auch auf ein an der Wanne montiertes Kupferkabel, das später wieder an die neue Wanne und eventuell an den Ablauf montiert werden muß.

Der Aufstellplatz wird gründlich gereinigt und für die neue Wanne vorbereitet.
Im vorliegenden Fall mußte der Fußboden durch eine Bodenverlegeplatte begradigt werden. Auch wenn die vorhandene Wannenfüllbatterie nicht ausgewechselt werden soll, ist es ratsam, sie für die Zeit der Wannenmontage zu entfernen (wie auf S.105 beschrieben), um so mehr Bewegungsfreiheit zu haben.

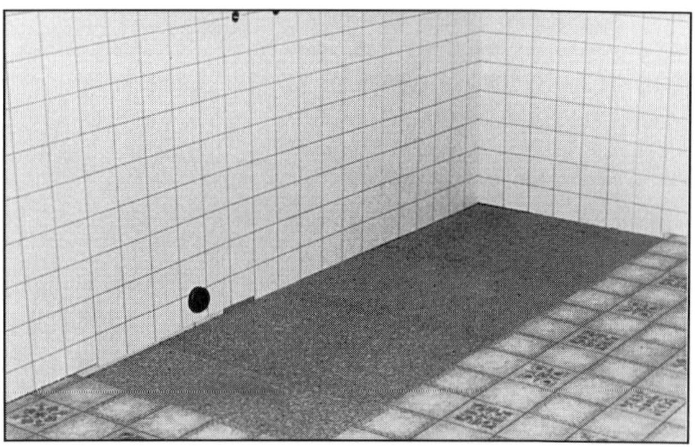

Wannenträger aufstellen

Bade- und Brausewannen können auf Füße gestellt oder unter Zuhilfenahme von Wannenträgern montiert werden.

Bade- und Brausewannen wurden in der Vergangenheit fast ausschließlich unter Verwendung von Füßen oder Fußgestellen aufgestellt, wie zum Beispiel auf Seite 110 abgebildet und ab Seite 119 beschrieben.
Mehr und mehr setzen sich heute jedoch Wannenträger durch. In der Zwischenzeit haben einige Fabrikate auch Einzug in den Heimwerkerbereich gefunden. Diese Wannenträger bieten eine Reihe von Vorteilen:
Die eigentliche Wanne wird erst nach den Fliesenarbeiten montiert. Die Wanne braucht nicht eingemauert zu werden. Sie kann später ohne Abbruch der Fliesen ausgetauscht werden. Die Geräusche beim Wassereinfüllen sind geringer. Das Wasser bleibt länger warm. Nachteilig ist sicher der Preis, den so ein Träger kostet.

Wannenträger werden von verschiedenen Herstellern angeboten und es gibt sie für viele gängige Wannenfabrikate.
Zunächst wird der Wannenkörper im Anlieferungszustand am Aufstellort ausprobiert.

Der Wannenträger wird vorbereitet. Zuerst schneiden Sie an der Vorderfront, entlang der vorgeprägten Linie, ein Loch für die Revisionsöffnung. Ein scharfes Messer genügt dafür.

Für den gezeigten Fall drehen wir den Körper um und stellen einen Durchgang für das Abwasserrohr her.

Die mitgelieferten Anschlußteile müssen nun, soweit es erforderlich ist, angepaßt werden. Je nach Art der Fliesenverlegung sind unterschiedliche Abstände notwendig. Eine Arbeitsanleitung des jeweiligen Herstellers gibt auf diese Fragen erschöpfende Auskunft.

Die Abstandhalter werden mit Kunststoffstiften am Wannenträger befestigt. Es ist nicht zu empfehlen, den Träger ohne Abstandhalter zu montieren. Mit einer Reihe von Sonderzubehörteilen können viele Varianten erstellt werden.

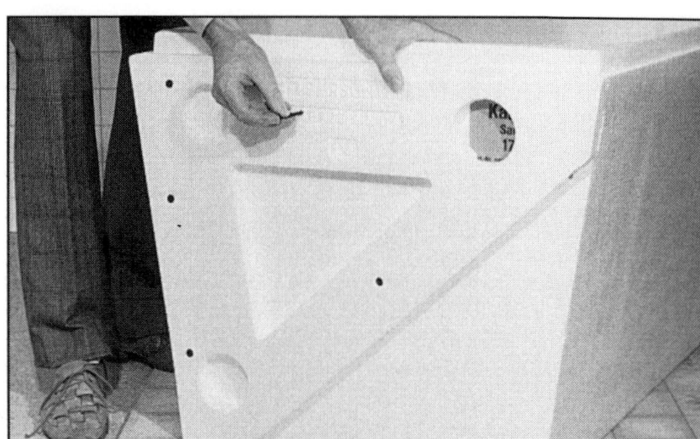

Ablaufgarnitur anbringen

Der Wannenträger ist zum Einbau vorbereitet. Ein Keil schließt den Winkel zur Wand bündig ab.

Nun wird die Wanne vorbereitet. Dazu muß zunächst die Ab- und Überlaufgarnitur montiert werden.

Hierzu: Kunststoffrohre trennen S.20
Montage des Ablaufventils S.59

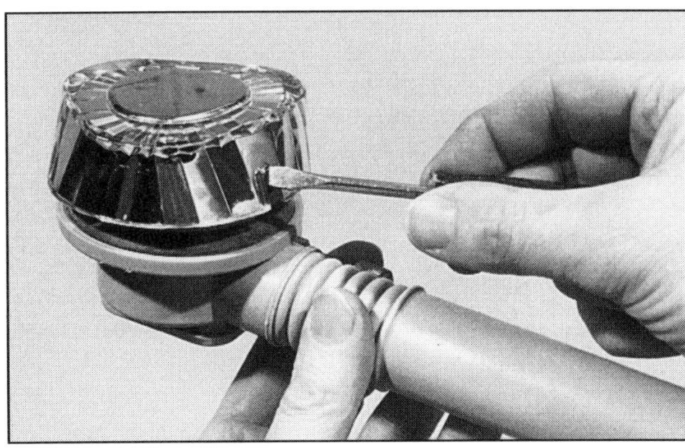

Von der Ab- und Überlaufgarnitur schrauben wir zunächst alle Teile ab, die sich später in der Wanne befinden. Das ist von Fabrikat zu Fabrikat unterschiedlich zu handhaben.
Hier im Beispiel liegt die Befestigung des Überlaufs unter dem Drehknopf. Den Drehknopf lösen und abheben.

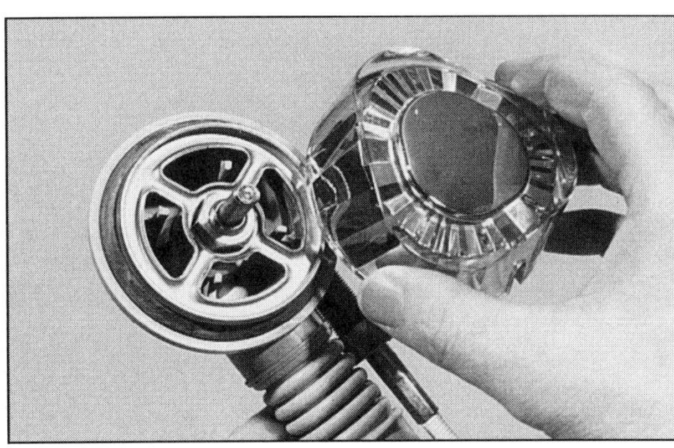

Die hier benutze Ab- und Überlaufgarnitur hat am Überlauf diesen Drehknopf, der bei entsprechender Drehung das Ablaufventil über einen Bodenzug öffnet und schließt.
Die Sechskantmutter zuerst mit einem Gabelschlüssel lösen und dann mit der Hand herausschrauben.

Nun ist das Einlauf- und Befestigungssieb frei. Auch dieses heben Sie ab.
Die sichtbare Gummidichtung bleibt am Überlauf und befindet sich später außen an der Wanne. Sie dichtet den Überlauf nach außen wasserdicht ab.

Jetzt wenden Sie sich der Ablaufseite der Garnitur zu. Auch hier wird die Befestigungsschraube gelöst.
Bei einigen Ausführungen sind auch Schlitzschrauben vorhanden.
Schraube herausnehmen.

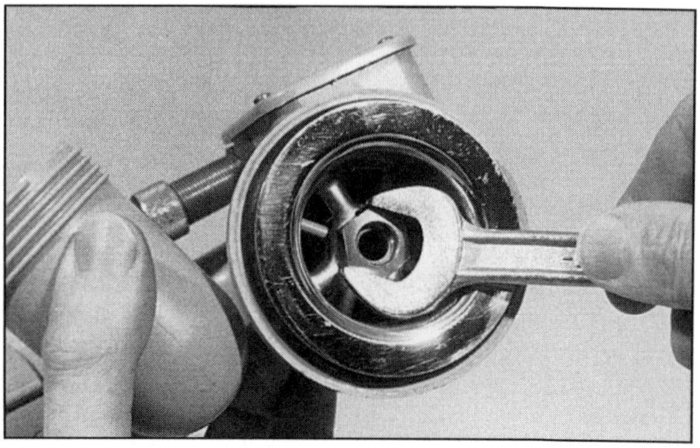

Einlaufsieb abheben. Wie schon beim Überlauf, verbleibt auch beim Ablaufventil die schwarze Gummidichtung am Ventilkörper. Sie dichtet die Wanne nach außen ab.

Zum Anpassen der Ab- und Überlaufeinrichtung stellen Sie die Wanne am besten auf den Kopf. Diese Einheit – eine Exzenterausführung – hat zwei Schiebeeinrichtungen, um die Länge anzupassen.

In der Höhe wird einfach geschoben, da ist die Eintauchtiefe in jedem Fall lang genug.
Zur Einstellung der Breite muß das ankommende Überlaufrohr eventuell in der Verschraubung etwas abgesägt werden, wie auf Seite 20 beschrieben.

Nun legen wir die Wanne auf die Seite und verschrauben zunächst den Ablauf. Das Einlaufsieb wird wieder mit Kitt eingedichtet, wie wir es schon beim Waschtisch praktiziert haben (Seite 59).
Die Gummidichtung ist außen.

Nun drehen Sie die Schraube zunächst mit der Hand und dann mit einem Maul- oder einem Steckschlüssel gefühlvoll in das Gewinde ein.
Den überschüssigen Kitt entfernen. Mit einem Lappen nachputzen.

Beim Überlauf wird die Metallscheibe ohne Kitt einfach auf die Wandung gelegt, da der innere Abschluß nicht dicht sein muß.
Die Gummidichtung ist, wie schon gesagt, außen.

Auch die Schraube am Überlauf anziehen, aber bitte vorsichtig und mit Gefühl. Unter dem metallischen Einlaufsieb befindet sich nämlich das Email der Wanne, das Sie nicht beschädigen dürfen.

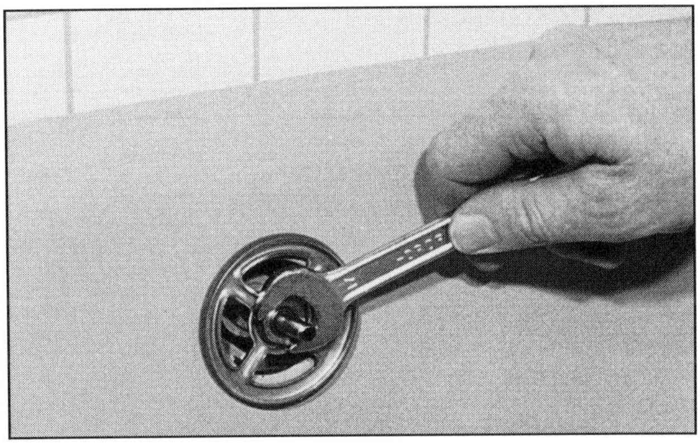

Um zu probieren, ob die Wanne auch in den Wannenträger hineinpaßt, stülpen wir den Träger einfach über die Wanne.
Bei Exzentergarnituren ist in der Regel eine Nacharbeit am Wannenträger erforderlich. Sie wissen schon, einfach mit dem Messer abschneiden.

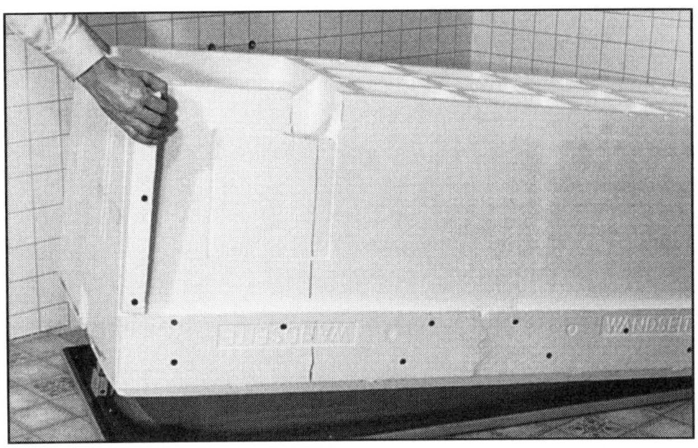

Jetzt habe ich den Wannenträger durchgeschnitten um Ihnen zu zeigen, wie der Abfluß vorbereitet wird. Also Wannenträger hinstellen, Wanne einsetzen und das Anschlußteil der Abflußgarnitur – hier das schwarze Rohrende – mit dem Abfluß verbinden.
Da Sie den Träger ja nicht zerschneiden können, müssen Sie durch die Revisionsöffnung arbeiten und zwischendurch die Wanne wieder herausnehmen, um das Abflußrohr einzupassen.

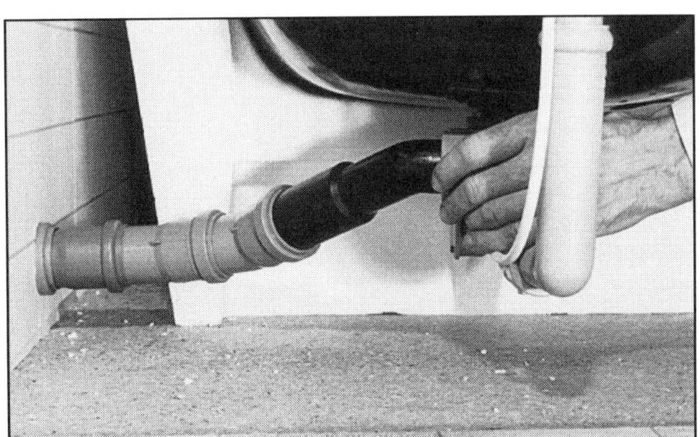

Je nach Situation benötigen Sie eine Anzahl Bogen und Rohrenden. Achten Sie darauf, daß Sie hierfür ausschließlich HT-Rohre verwenden. Wie die Bogen und Rohre bearbeitet werden, haben wir schon ab Seite 18 besprochen.

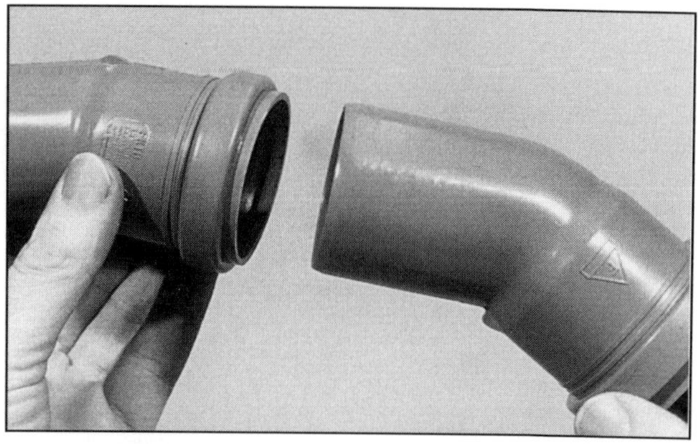

Der Wannenträger wird nun auf den Fußboden geklebt, sofern der Boden eben ist. Ist er uneben, benutzen Sie Mörtel, mit dem Sie sogar größere Unebenheiten ausgleichen können. Mörtel und Kleber richten sich nach den Angaben des Herstellers, aber bei allen ist Grundvoraussetzung, daß der Boden absolut staubfrei sein muß. Zeichnen Sie die Form des Wannenträgers auf den Boden auf und tragen dann Kleber oder Mörtel auf.

Nachdem Sie den Wannenträger in den Kleber oder das Mörtelbett eingedrückt haben, wird die Montage zunächst unterbrochen: Jetzt werden auf die sichtbaren Teile des Wannenträgers die Fliesen aufgebracht. Als Arbeitshilfe können Sie die im Anhang aufgeführte Literatur verwenden.

Duschwannenmontage

Duschwannen werden wie Badewannen aufgestellt, es gibt auch für sie Wannenträger.
Wenn keine Geräuschdämmung gefragt ist (eine Wärmedämmung kommt kaum in Frage), kann die Duschwanne auch auf Füße gestellt werden. Dann ist eine zusätzliche Ummauerung erforderlich.
Fußgestelle für Duschwannen werden meistens einfach unter die Wanne geklebt. Vom Klebestreifen die Schutzfolie abziehen.

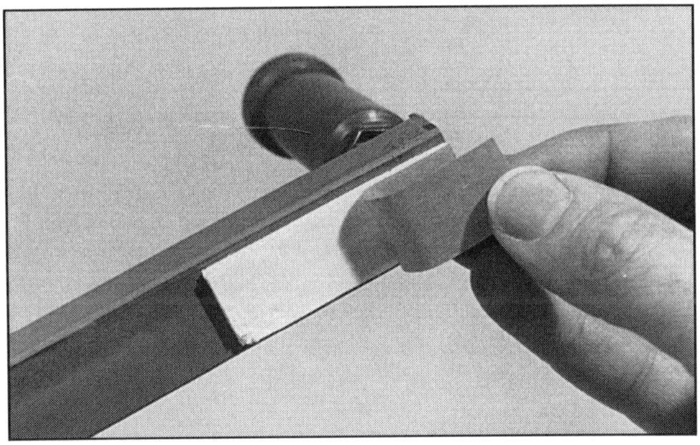

Duschwanne auf den Kopf stellen, Fußgestell auflegen und die Klebepunkte mit der Hand kräftig aufdrücken. Hier hat das Fußgestell nur drei Füße. Es gibt aber auch Ausführungen mit vier Füßen. Bei unserer Ausführung nach hinten zwei Füße anordnen und nach vorne den einzelnen, da dort später die Ummauerung der Wanne weiteren Halt gibt. Da der Ablauf der Wanne im vorderen Bereich liegen soll, ist der Geruchverschluß vorne.

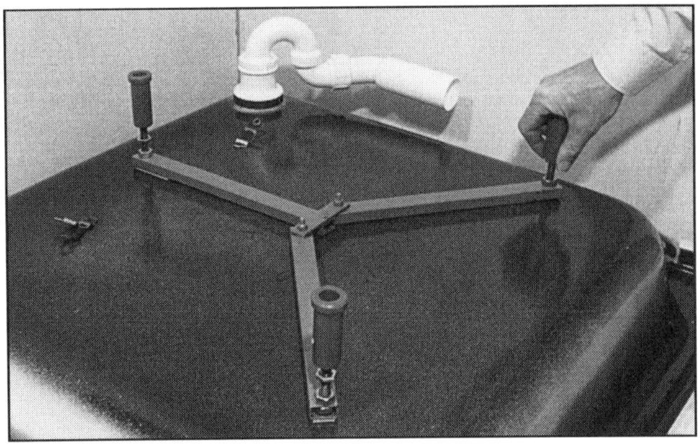

Die Wanne umdrehen und am Aufstellort ausrichten.
Dazu nach allen Seiten mit der Wasserwaage nachmessen.

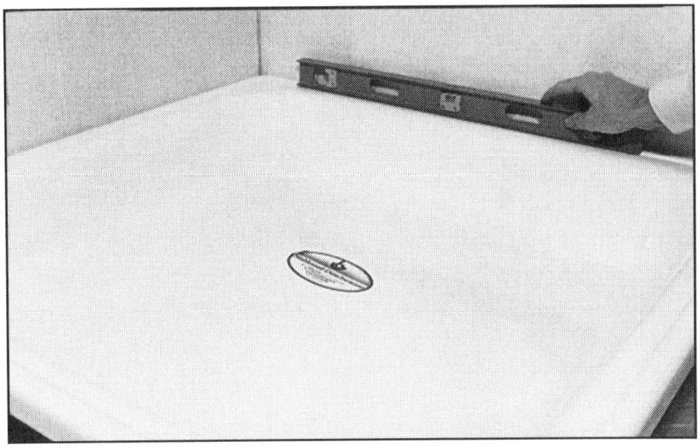

Die verstellbaren Füße lassen ein genaues Ausrichten zu, auch wenn der Boden uneben ist. Zum Schluß noch die Kontermutter mit einem Gabelschlüssel leicht anziehen.

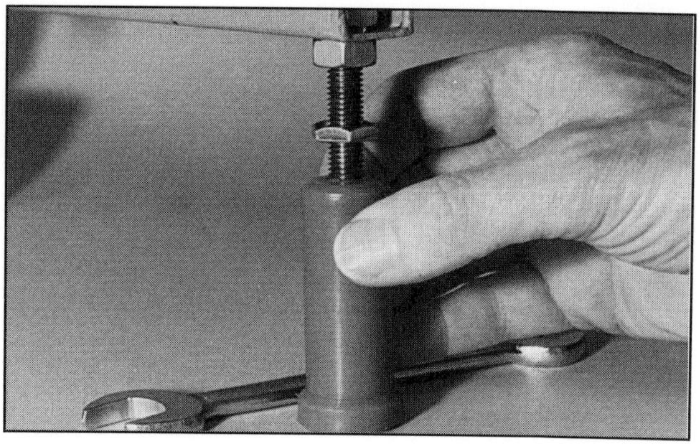

Vom Gefühl her ist unter einer Brausewanne wenig Platz, um Ablaufarmatur und Abwasserrohr vernünftig montieren zu können. Doch selbst eine flache Wanne von 150 mm Höhe wird mit der Oberkante etwa auf 300 mm montiert.
Egal ob Sie ein Fußgestell oder einen Wannenträger benutzen, es bleiben Ihnen unter der Wanne immer noch 150 mm Montageraum.

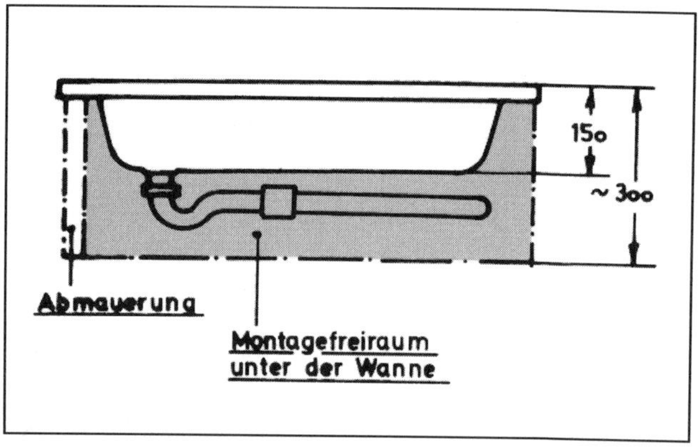

Die Ablaufarmatur benötigt den meisten Platz in der Höhe. Wollen Sie die Wanne flacher setzen, müssen Sie später einen höheren Fußbodenaufbau wählen oder im Rohfußboden eine Vertiefung anbringen.
Der Geruchverschluß ist dreifach verstellbar. Bei 1 und 2 jeweils in der Horizontalen, bei 3 kann der entsprechende Winkel zum Abflußrohr hergestellt werden. (Siehe auch Abbildung auf Seite 119, Montage des Fußgestells.)

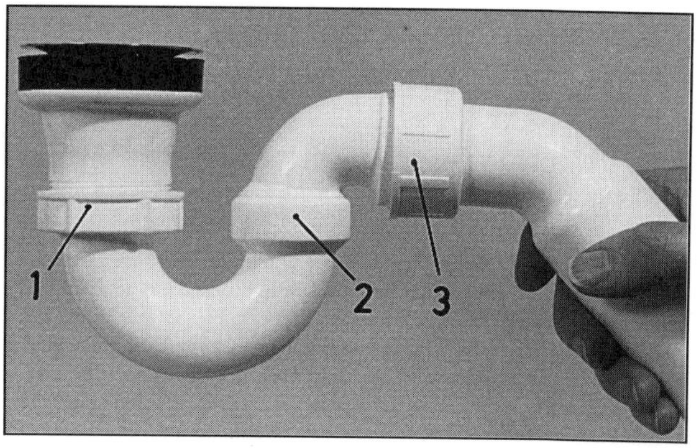

Potentialausgleich

Ein Potentialausgleich ist lebensnotwendig.

Der sogenannte zusätzliche Potentialausgleich verbindet im Wannenbereich alle leitenden, sprich metallischen Einbauten miteinander.

Bei Schäden an elektrischen Leitungen können Kriechströme und somit gefährliche Berührungsspannungen auftreten. Der Potentialausgleich leitet diese Ströme ab.

Das setzt aber voraus, daß die Wasserleitung durchgehend leitend ist und am Hausanschluß mit der Potentialausgleichsschiene verbunden ist. Ist dies nicht der Fall, ist ein zusätzlicher Leiter zu dieser Schiene zu legen.

Der Potentialausgleich ist eine lebenssichernde Schutzeinrichtung und muß gewissenhaft ausgeführt werden. Ziehen Sie dazu bitte eine Elektrofachkraft hinzu.

Der zusätzliche Potentialausgleich in Bade- und Duschräumen ist zwingend vorgeschrieben. Niedergelegt ist diese Forderung in der VDE 0100, Teil 701. Der Anschluß muß alle metallischen Einbauten miteinander verbinden und an der Potentialausgleichsschiene des Hausanschlusses angeschlossen sein.

Auf der nebenstehenden Abbildung können Sie die Verbindung von Wanne, Ablaufventil, Zuwasserrohr und Abwasserrohr erkennen. Ziehen Sie für die Ausführung bitte einen Elektrofachmann hinzu. Er kann Ihnen auch sagen, ob der Ausgleich eventuell entfallen kann. Das könnte sein, wenn Wanne und Rohrleitungen aus nichtleitendem Material bestehen.

Auch wenn Sie beim Abbruch der alten Wanne eine Potentialausgleichsleitung gefunden haben, bedeutet das nicht, daß sie funktionsfähig ist. Also auch hier bitte prüfen lassen.

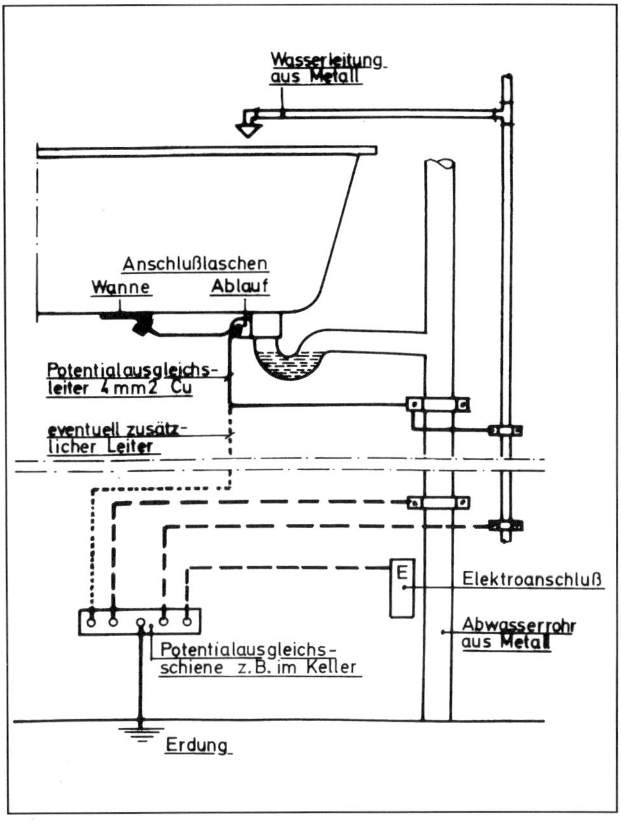

Endmontage der Badewanne

Achten Sie beim Kauf einer Bade- oder Duschwanne bitte darauf, daß zwei Potentialausgleichsfahnen angebracht sind.

Die vorschriftsmäßige Fahne hat in der Anschlußbohrung eine Kupferhohlniete. Da Email auf Kupfer nicht haftet, bleibt die Anschlußbohrung beim Emaillieren frei. Der Anschluß selbst ist dann einwandfrei elektrischleitend hergestellt.

Zur Herstellung eines Potentialausgleichs werden in der Regel Kupferkabel von mindestens vier Quadratmillimeter Querschnitt benutzt. Zugelassen sind auch feuerverzinkte Bänder aus Stahl von mindestens 2,5 mm x 20 mm. Eine Isolierung wie auf dem nachstehenden Foto ist nicht erforderlich. Der Leiter darf auch blank sein.

Das gezeigte Ablaufventil einer Badewanne hat bereits eine angegossene Lasche „B". Das Kabel wird hier ungeschnitten mit einer Schraube befestigt. Das Kabel „C" kommt von der Anschlußlasche der Badewanne. „D" geht hier zu den Rohrleitungen und wird unter Verwendung von Erdungsschellen dort befestigt.

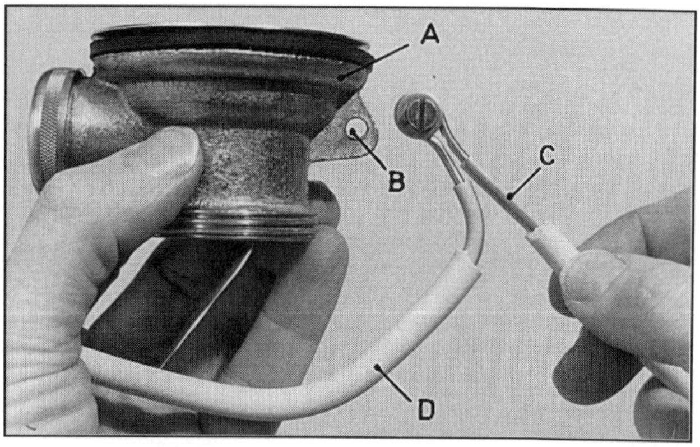

Die Ablaufarmaturen sind vorbereitet, der Wannenträger mit Fliesen verkleidet und die Potentialausgleichsleitung haben Sie sich anschließen lassen. Nun heben Sie die Badewanne in den Wannenträger und montieren den Abfluß, wie auf Seite 117 beschrieben.

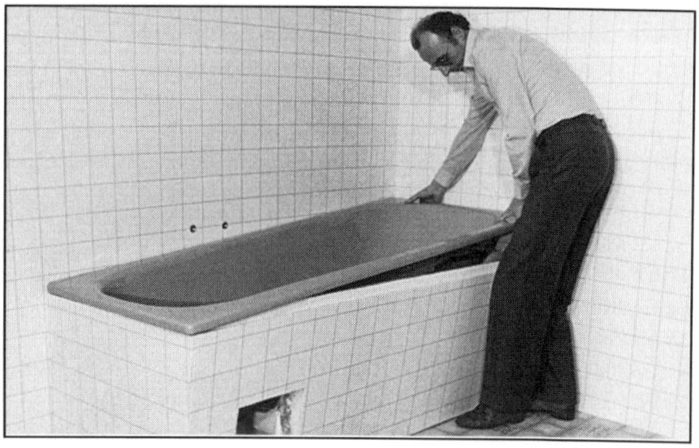

Das ist nicht der erste Badeversuch. Toleranzen im Wannenrand können verhindern, daß sich die Wanne richtig setzt. Um nachzuhelfen, steigen Sie vorsichtig in die Wanne und belasten diese mit Ihrem Körpergewicht.
Nun können Sie wieder die Wandbatterie montieren, wie ab Seite 105 beschrieben.
Füllen Sie die Wanne mit Wasser und prüfen Sie, ob die Ablaufarmaturen auch dicht sind.

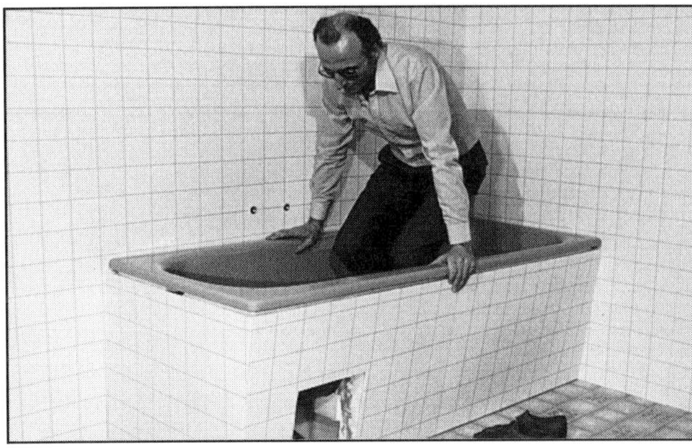

Die umlaufenden Fugen müssen Sie jetzt noch mit einem dauerelastischen Material ausspritzen, das in verschiedensten Farben im Handel ist. Achten Sie darauf, daß die Masse für den Sanitärbereich geeignet ist.
Vor dem Ausspritzen kleben Sie auf den Wannenrand, wie auch an die Fliesen einen Kreppklebestreifen.
Eine Spritzpistole, in die die Kartuschen eingelegt werden, erleichtert die Arbeit.

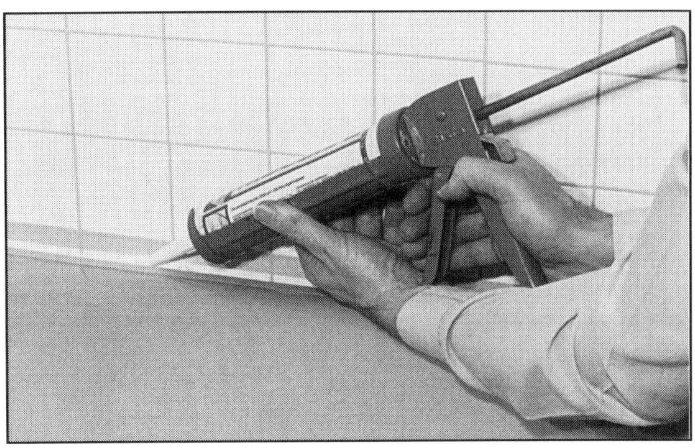

Zunächst glätten Sie die Spritzmasse mit dem Finger.
Wenn Sie den Finger zwischendurch in ein Geschirrspülmittel tauchen, geht das Abstreifen besonders gut. Dann ziehen Sie den Kreppstreifen ab und fahren nochmals mit dem Finger vorsichtig über die Naht.

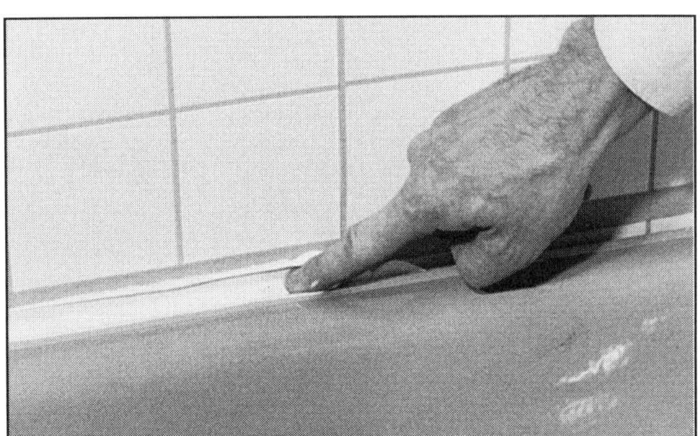

Elektrische Warmwasserbereiter

Überlassen Sie Arbeiten an Gasanlagen einem konzessionierten Fachmann.

Warmes Wasser kann zentral, zum Beispiel in Verbindung mit dem Heizkessel, oder dezentral an den einzelnen Verbrauchsstellen bereitet werden.

In bezug auf das Thema dieses Buches gehe ich jedoch nur auf die dezentrale Warmwasserbereitung ein, wobei ich Gasgeräte der Gefährlichkeit wegen ausklammern möchte.

Auch Arbeiten an den elektrischen Einrichtungen des Warmwasserbereiters möchte ich in diesem Zusammenhang nicht empfehlen.

Mit meinen Ausführungen zu den Arbeiten an Armaturen von Waschbecken, Spültisch, Klosett und Badewanne können Sie in Verbindung mit der jeweiligen Montageanleitung zu Ihrem Gerät Reparaturen und Erneuerungen leicht durchführen.

Kochendwassergeräte

Kochendwassergeräte sind drucklose Warmwasserbereiter, haben also keine Sicherheitsarmatur. Ein Überlaufrohr sorgt dafür, daß überschüssiges Wasser und Dampf aus dem Glasbehälter entweichen können. Das Rohr darf nicht verschlossen werden und muß über dem Spülbecken enden. Sie können alle Oberteile und den Schwenkauslauf ausbauen und mit neuen Dichtungen versehen.

Hierzu: Kupferrohr S.9
Fittings S.10
Gewinde eindichten S.25
Bohren auf Fliesen S.53

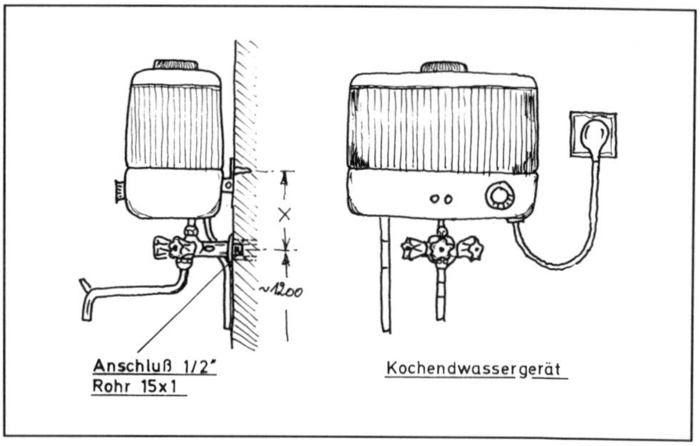

Wenn Sie ein neues Gerät montieren wollen, benötigen Sie über der Spüle einen Wasseranschluß von ½ Zoll, in Höhe von ca. 1200 mm vom Fußboden aus. Die Zuleitung dahin können Sie in Kupferrohr 15 x 1 mm legen und in einer Wandscheibe enden lassen. Der Armaturenblock des Gerätes wird in dieses Gewinde eingeschraubt. Vorher natürlich die Rosette auf den Schaft schieben und das Gewinde eindichten. Der Wasserbehälter selbst wird zusätzlich durch einen Wandbügel gehalten. Das Maß „X" auf oben stehender Abbildung entnehmen Sie den Montageunterlagen des Gerätes und übertragen es auf die Wand. Entsprechende Dübellöcher in den Fliesenspiegel bohren und Bügel festschrauben. Gerät montieren.
Elektrisch wird das Kochendwassergerät über eine Schukosteckdose versorgt.

Offene Speicher

Offene Kleinspeicher

Offene Kleinspeicher mit fünf und zehn Liter Inhalt werden vorzugsweise als sogenannte Untertischgeräte in Verbindung mit Waschbecken und Küchenspülen installiert. Es ist lediglich eine Steckdose erforderlich. Die Wasserversorgung erfolgt bei diesen Untertischgeräten über die Mischbatterie.

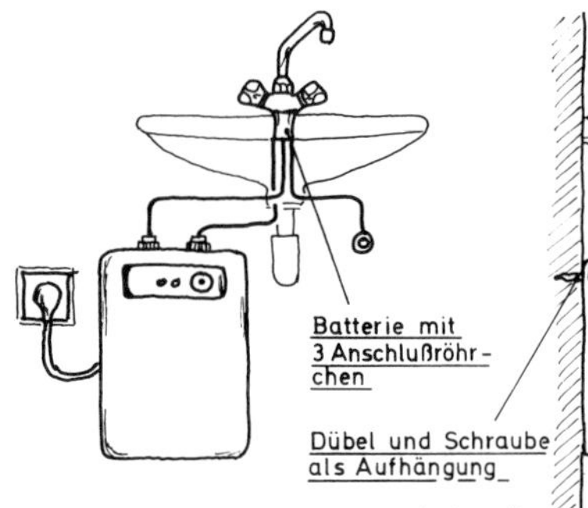

Kleinspeicher als Untertischgerät

Offene Kleinspeicher sind drucklos und benötigen somit keine Sicherheitsarmatur.

Bei diesen Kleinspeichern kann das sich beim Erwärmen ausdehnende Wasser über die Mischbatterie in das Becken entweichen. Versuchen Sie also nicht, so einen tropfenden Wasserhahn dichten zu wollen.

Normale Armaturen, wie wir sie bis jetzt besprochen haben, sind zum Anschluß dieser Geräte nicht geeignet. Hierfür gibt es spezielle Mischbatterien, die oft in Verbindung mit dem Gerät angeboten werden.

In bezug auf Reparatur und Erneuerung unterscheiden sich diese Mischbatterien in der Handhabung jedoch nicht von den Arbeitsanweisungen für Mischbatterien ab Seite 55.

Vielfach sind für Kleinspeicher Temperierbatterien üblich, da das Wasser ja bis auf etwa 85 Grad aufgeheizt werden kann.

Diese speziellen Batterien für die Untertischgeräte haben drei Anschlußröhrchen, die mit Farben und Pfeilen gekennzeichnet sind, um Verwechslungen bei der Montage zu vermeiden.

Montieren Sie zunächst die Mischbatterie auf das Becken. Das geht wie bei den üblichen Batterien.

Dann verbinden Sie das blau gekennzeichnete Rohr „mit Pfeil nach oben" an das Eckventil der Kaltwasserleitung.

Das Röhrchen schön vorsichtig biegen, in die Quetschverschraubung einschieben und letztere anziehen.

Den Kleinspeicher befestigen Sie nach den Angaben des Herstellers an der Wand. Zumeist sind lediglich für die mitgelieferten Dübel Löcher zu bohren und die Schrauben einzudrehen. Der Speicher selbst wird dann auf diese Schrauben gehängt.

Nun verbinden Sie die beiden übrigen Röhrchen der Batterie – wie jeweils gekennzeichnet – mit dem Speicher. Blau „mit dem Pfeil nach unten" in den Kaltwasseranschluß, Rot „mit Pfeil nach oben" in den Warmwasseranschluß.

Röhrchen unter Umständen abschneiden, den Grat entfernen und in die Quetschverschraubungen einführen und anziehen.

Batterie öffnen, Eckventil langsam aufdrehen. Schukostecker noch einstecken.

Offene Kleinspeicher gibt es auch als Übertischgeräte.
Dann ist jedoch eine passende Wandbatterie erforderlich und damit ein zusätzlicher Wasseranschluß ½ Zoll oberhalb des Bekkens.
Die Montage des Wasseranschlusses entspricht dann dem des Kochendwassergerätes.

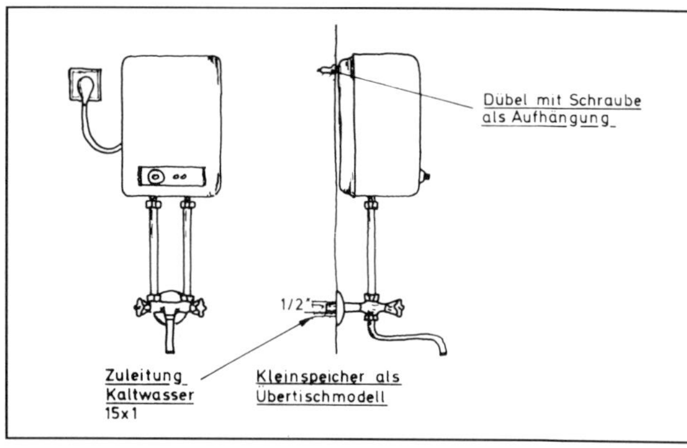

Auch für Badewannen und Duschen gibt es offene Speicher bis zu einem Inhalt von 80 Litern.
Die Batterieausführung wird dem Verwendungszweck entsprechend gewählt. Ein Wasseranschluß ½ Zoll und ein fester Elektroanschluß müssen nach den Anforderungen des Geräteherstellers installiert werden. Zumeist werden die Geräte auf zwei Aufhängebügel gehängt, die nach einer Montageschablone an die Wand geschraubt werden.

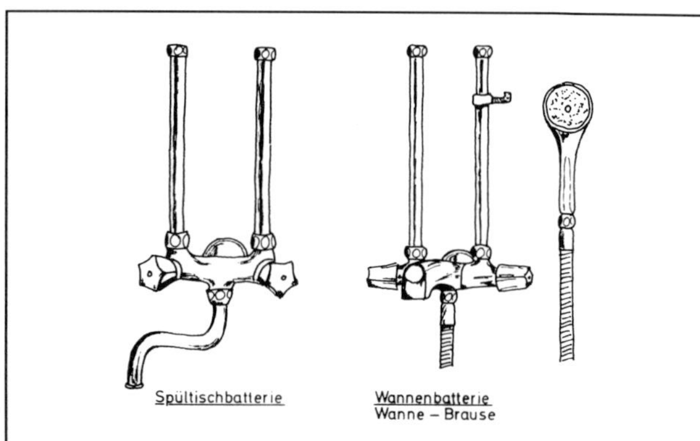

Geschlossene Speicher

Geschlossene Speicher sind Druckgeräte und benötigen damit eine Sicherheitsarmatur. Mit diesen Warmwasserbereitern können mehrere und zugleich auch entfernt liegende Verbrauchsstellen angeschlossen werden.

Damit sind dann auch die normalen Mischarmaturen wieder zu benutzen. Zum Betrieb ist ein Kaltwasseranschluß in der jeweiligen Größe, ein Abgang für das Warmwasser und eine der Gerätegröße angepaßte Elektroleitung erforderlich.

Zudem muß noch ein Rohr verlegt werden, das anfallendes Tropfwasser des Sicherheitsventils aufnimmt und sicher ableitet. Als Einleitung können Sie zum Beispiel einen Abwasseranschluß wie für die Spülmaschine am Geruchverschluß des Beckens benutzen.

Geschlossene Speicher müssen als Druckgeräte eine Sicherheitsventilkombination haben.
Das gilt auch für thermisch geregelte Durchlauferhitzer und Durchlaufspeicher.
Die Sicherheitsventilkombination besteht aus Rückflußverhinderer, Sicherheitsventil und Ablauftrichter.

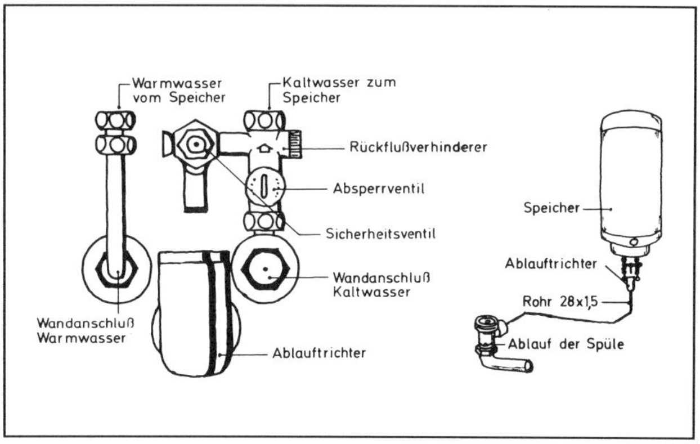

Durchlauferhitzer, Durchlaufspeicher

Durchlauferhitzer sind als geschlossene Geräte für mehrere Zapfstellen geeignet. Nur bei hydraulisch geregelten Geräten, die kein Speichervolumen haben, das sich ausdehnen kann, sind Sicherheitsarmaturen nicht notwendig. Anders bei thermisch geregelten Geräten und Durchlaufspeichern. Durchlauferhitzer und -speicher haben Anschlußwerte von 18 bis 24 kW.

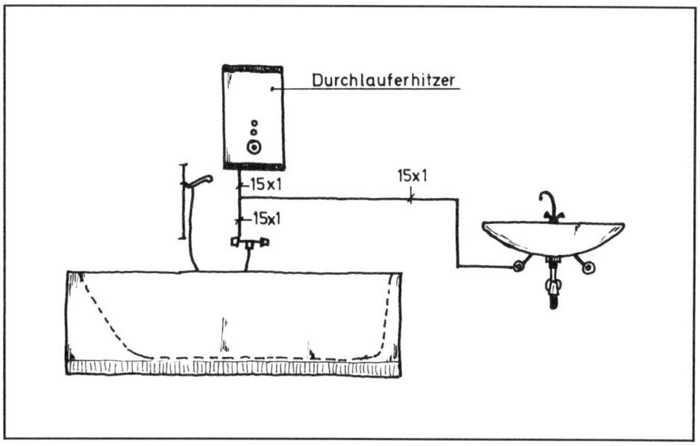

Planung für Küche, Bad und WC

Gefälle von Rohrleitungen

Bei der Planung für die Neueinrichtung von Bad und WC sind als entscheidende Faktoren zu berücksichtigen:

- Die Anordnung der vorhandenen Anschlüsse für die Be- und Entwässerung und
- die erforderlichen Abmessungen der Einrichtungsgegenstände mit dem jeweiligen Raumbedarf.

Bei den Be- und Entwässerungsanschlüssen ist vor allem die Abflußleitung (Entwässerung) von Bedeutung, da vom Anschluß der Abflußleitung bis zur Einmündung in das Hauptabwasserrohr ein geeignetes Gefälle gegeben sein muß. Dieses Gefälle muß je Meter Rohrleitung mindestens 20 mm und darf höchstens 50 mm betragen. Auch die Zuleitungen müssen ein leichtes Gefälle aufweisen.

Ein zu geringes aber auch ein zu großes (!) Gefälle der Abwasserrohre können zu Störungen im Betrieb führen. Insbesondere dann, wenn die Rohre mit Feststoffen belastet sind.

Die Stoffe werden mit Wasser weggespült und mit dem Wasser bis in den Fallstrang getragen.

Bei zu geringem Gefälle fehlt der nötige Schub. Bei einem zu großen Gefälle der Anschlußleitungen eilt das Wasser den Feststoffen voraus. Die Folge ist, daß die Feststoffe praktisch auf dem Trockenen liegen. Erfolgen lange keine Spülvorgänge, trocknen sie aus und und verstopfen das Rohr.

Beim Anschluß eines Klosetts sollten Sie grundsätzlich davon ausgehen, daß die Installation in unmittelbarer Nähe des Hauptfallrohres erfolgen muß.

Abwasserleitungen bis DN 100 immer mit einem Gefälle von 1:50 bis 1:20 verlegen.
Ferner müssen für die Rohre die erforderlichen Nennweiten berücksichtigt werden, wie auf der nächsten Seite beschrieben.

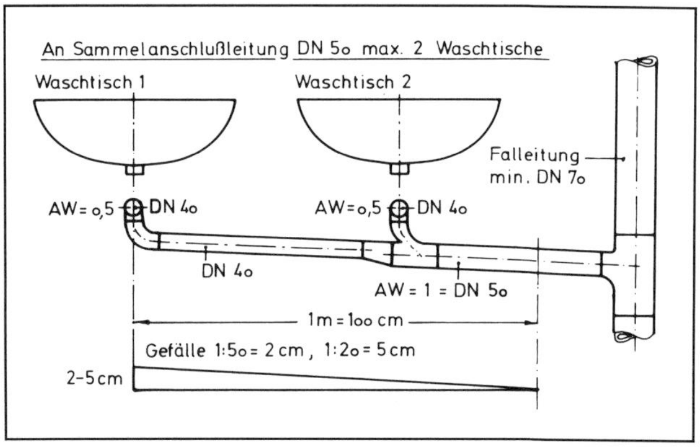

Nennweiten für Abflußleitungen

Die erforderlichen Nennweiten der Anschluß- und Sammelanschlußleitungen für Abwasserrohre sind ebenso unbedingt bei der Verlegeplanung zu berücksichtigen.
Bei einem Durchmesser, das ist die Nennweite, von 50 mm können zum Beispiel maximal zwei Waschbecken angeschlossen werden. Die zulässige Länge der Leitung darf 6 m nicht überschreiten. Diese Situation ist auf der Abbildung der vorangegangenen Seite dargestellt. Bei einem Durchmesser von 70 mm können maximal zwei Waschbecken, eine Badewanne und eine Brausewanne angeschlossen werden. Dabei darf die Leitung 10 m nicht überschreiten. Eine Erweiterung der bestehenden Anschlußleitung geht also nur, wenn die Nennweite der Leitung weitere Anschlüsse noch zuläßt. Sonst muß eine neue Leitung bis zum Fallrohr verlegt werden.

Tabelle: Anschlußwerte (AW) von Entwässerungsgegenständen und Mindestweiten (DN) von Einzelanschlußleitungen

Entwässerungsgegenstand:	Anschlußwert AW	Mindestweite DN
Handwaschbecken, Waschtisch, Bidet	0,5	40
Urinal	0,5	50
Spültisch, Ausguß, Geschirrspülmaschine, Waschmaschine, Bodenablauf, Badewanne, Brausewanne	1,0	50
Klosett	2,5	100

Tabelle: Mindestnennweiten (DN) und zulässige Längen (L) unbelüfteter Sammelanschlußleitungen in Abhängigkeit der Anschlußwerte

Anschlußwert AW	Nennweite DN	Länge L
1	50	6 Meter
3	70	10 Meter
16	100	10 Meter

Beachten Sie, daß der Anschlußwert nicht gleich die Zahl der Anschlüsse ist, ein Handwaschbecken hat zum Beispiel den Anschlußwert 0,5. Weitere Ausführungen und Informationen finden Sie in der DIN 1986, Teil 2 „Entwässerungsanlagen für Gebäude und Grundstücke, Bestimmungen für die Ermittlung der lichten Weiten und Nennweiten für Rohrleitungen".

Raumgrößen und Platzbedarf

Zur einwandfreien und sinnvollen Nutzung von sanitären Einrichtungen ist auch das Platzangebot ein ausschlaggebender Faktor. Bei zu kleinen Abmessungen, sowohl bei den Einrichtungsgegenständen wie bei den Freiflächen um diese Gegenstände herum, ist eine praktikable Nutzung kaum möglich.

In der nachfolgenden Tabelle sind die Abmessungen und der Platzbedarf einer Reihe von Einrichtungsgegenständen aufgeführt, die als Grundlage für die Bestimmung der Raumgrößen dienen können.

Zu beachten ist, daß die Abmessungen den Geräten entsprechen, die nach den Erfahrungen am häufigsten eingebaut werden. Übergrößen sowie Fenster, Türen und dergleichen sind zu berücksichtigen.

Tabelle:
Raumgrößen und Platzbedarf

	Länge Breite mm	Tiefe mm	Fläche m^2
Badewanne	1700	800	1,40
Stufenwanne	1100	750	0,85
Brausewanne	800	800	0,65
Brausewanne	900	750	0,70
Bidet	600	400	0,25
Waschtisch	620	520	0,35
Doppelwaschtisch	1200	550	0,70
Handwaschbecken	460	300	0,15
Klosett	500	400	0,20
Spülkasten (tiefhängend)	400	200	0,10
Urinal	350	360	0,15
Badeofen	400	500	0,20
Waschmaschine	650	650	0,45
Wäschetrockner	650	650	0,45
Wäscheschleuder	400	400	0,15
Heizkörper	1000	200	0,20
Geschirrspüler	650	650	0,45
Küchenspüle	1000	650	0,65
Küchenspüle mit Abtropfteil	1500	650	1,00

Freiflächen für Duschen und Bäder: 150 % bis 200 % der Apparate und Geräte
(Freiflächen für Küchen können aus den Gerätegrößen nicht abgeleitet werden)

Freiräume für sanitäre Einrichtungen

Zu den Maßen der Einrichtungsgegenstände muß noch ein entsprechender Freiraum in der Planung berücksichtigt werden. Denn sanitäre Einrichtungen können nur bequem bedient und genutzt werden, wenn hierfür auch ein entsprechend großer Stand- oder Sitzplatz vorhanden ist. Der seitliche Abstand eines Waschtisches zur Wand sollte zum Beispiel so groß gewählt werden, daß man beim Waschen nicht dauernd mit dem Ellenbogen an die Wand stößt.
So sind sowohl die Mindestabmessungen der Freiräume vor den einzelnen Einrichtungsgegenständen als auch die Mindestabmessungen von Badezimmern, Toiletten- und Duschräume von großer Wichtigkeit. Diese Mindestabmessungen sollten auf keinen Fall unterschritten werden, nach oben sind die Grenzen offen.

Freiräume für Handwaschbecken und Waschtisch sind besonders wichtig, da diese Objekte am meisten benutzt werden. Sollen in einem Bad zwei Waschtische montiert werden, kann die Einhaltung der Mindestabmessung ohne weitere Platzzugabe bei gleichzeitiger Benutzung durch zwei Personen ein Engegefühl erzeugen.

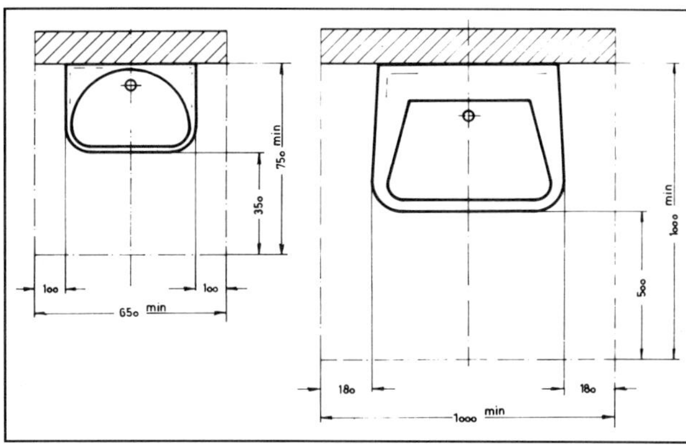

Noch einengender wird es, wenn ein Doppelwaschtisch eingebaut wird. Die Situation läßt sich etwas verbessern, wenn ein Modell gewählt wird, bei dem die Becken etwas schräg angeordnet sind.

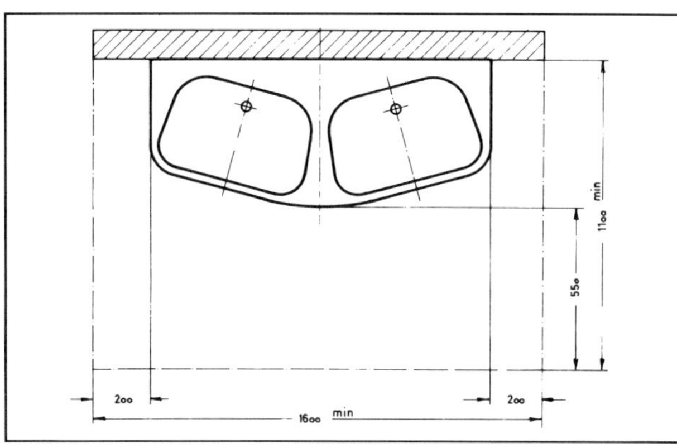

Für Klosett (links) und Bidet (rechts) sind die erforderlichen Freiräume in etwa gleich.

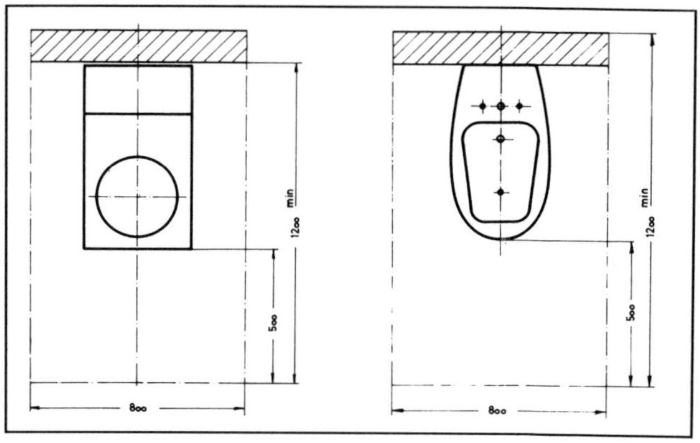

Schon allein durch die sinnvolle Ein- und Anordnung aller Gegenstände, die die sanitären Räume aufnehmen sollen, kann aus einem verhältnismäßig kleinen Raum ein großes Bad gemacht werden.

In der untenstehenden Abbildung sind zwei Räume dargestellt, wo unter Einbezug der räumlichen Verhältnisse der vorhandene Platz optimal für die wichtigsten Funktionseinheiten genutzt wird.

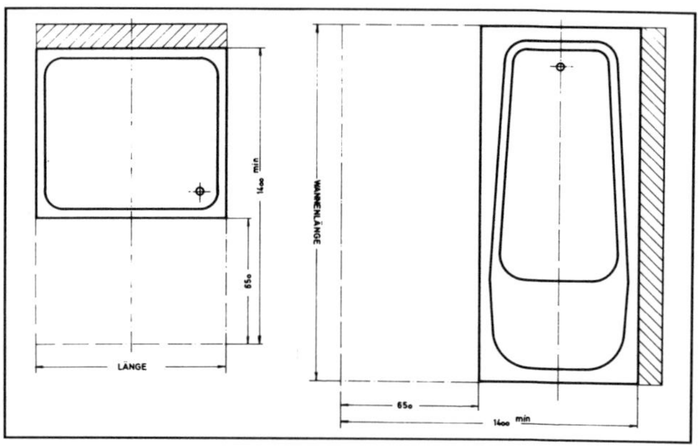

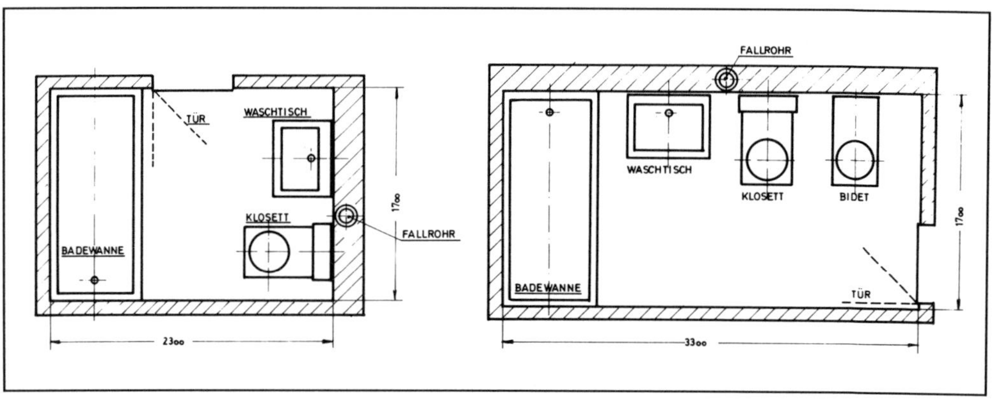

Installation für einen Waschtisch

Hierzu: Rohrleitungen S.9
Eckventile S.57
Waschtisch S.50

Soll an einer Stelle, an der bis jetzt noch kein Waschbecken vorhanden ist, eines gesetzt werden, müssen zunächst die entsprechenden Leitungen installiert werden.

Für den Waschtisch heißt das: Warm- und Kaltwasser je ½ Zoll, Abwasser 50 mm Durchmesser.

Finden Sie selbst keine Anschlußmöglichkeit für die entsprechenden Leitungen, so lassen Sie sich bitte von einem Fachmann beraten.

Das Abwasserrohr hat vom Objekt weg ein Gefälle von zwei Prozent, also 20 mm je Meter Rohrleitung.

Auch die Zuwasserleitungen sollen ein leichtes Gefälle aufweisen, damit alles Wasser beim Entleeren aus den Leitungen herauslaufen kann.

Für die normale Waschtischanlage gelten ganz allgemeine Einbaumaße. In nebenstehender Zeichnung sind Maße eingetragen, die auf herkömmliche Bekken abgestimmt sind.

Die Maße bis Waschtischoberkante und bis zum Spiegel können bei sehr großen Menschen zu niedrig sein. Dann den Waschtisch auf 900 mm setzen und den Spiegel nach Körpergröße anbringen.

Ausladende und massige Waschtische erfordern oft andere Anschlußmaße für Wasser und Abwasser. Für solche Becken gibt es in aller Regel entsprechende Maßzeichnungen des Herstellers.

Darüber hinaus gilt es, die Installation auf das Fliesenrastermaß abzustimmen. (Siehe Seite 147).

Entsprechend vorher schon die Fliesen aussuchen oder zumindest das spätere Fliesenformat festlegen.

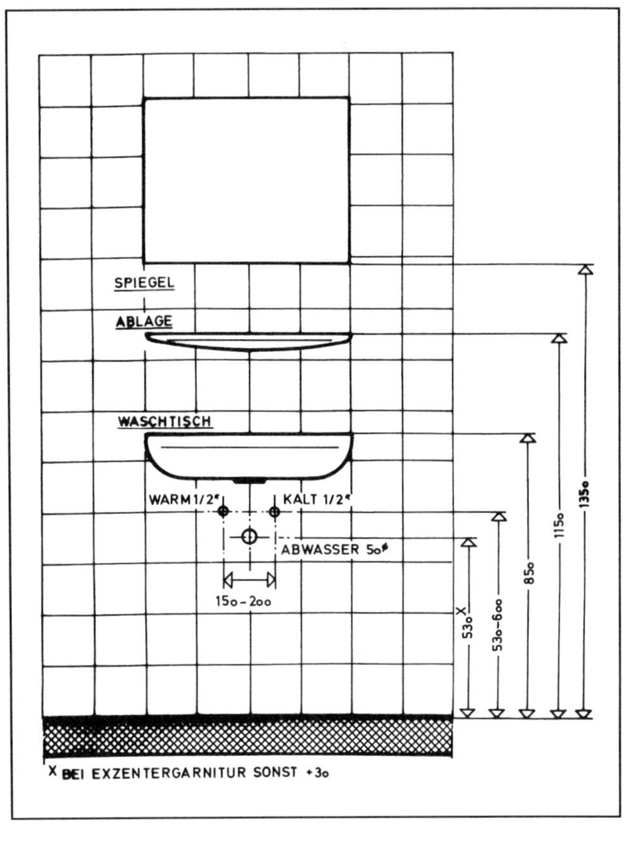

Spiegel auswechseln

Kurz noch ein paar Worte zum Spiegel. Die Mehrzahl aller Spiegel ist mit sogenannten Spiegelklammern befestigt. Die unteren tragenden Klammern sind starr, die oberen haltenden sind mit Federn ausgestattet.

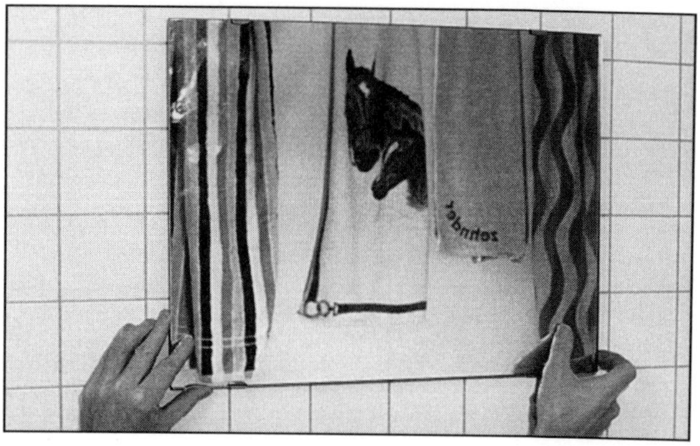

Zum Aushängen des Spiegels diesen unten anfassen, nach oben drücken und unten aus den Klammern heben.
Wenn der neue Spiegel nicht genau paßt, die Klammern bitte versetzen. Dazu neue Dübellöcher bohren (siehe Seite 53), mit Dübeln bestücken und Klammern wieder anschrauben.

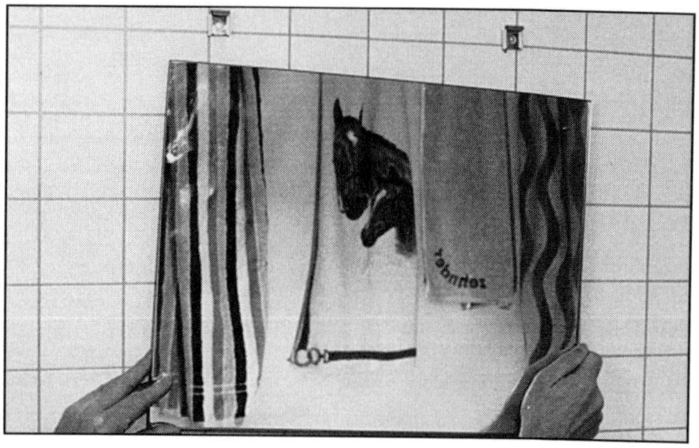

Einkaufsliste für den Waschtisch

1 Waschtisch
2 Stockschrauben mit Dübel
1 Einlochbatterie ½ Zoll
mit Ablaufventil 1¼ Zoll
2 Eckventile ½ Zoll mit Rosetten
1 Geruchverschluß 1¼ Zoll mit Rosette
Kitt
1 Ablage
1 Spiegel
1 Satz Spiegelklammern

Installation für Bidet und Spültisch

Normale Waschbecken sind in allen Sanitärfarben erhältlich. Durch die lange Lebensdauer der sanitären Einrichtungsgegenstände sind zeitlose Formen und Farben am sinnvollsten.
Als Zuwasserarmatur hat sich die Einhebelmischbatterie als besonders wassersparend erwiesen.

Materialwahl

Zeitlose Formen und Farben wählen.
Kurzfristige Modetrends lassen ein Bad bald alt aussehen.

Das Angebot des Handels bietet für jeden Geschmack, Geldbeutel und Zweck das geeignete Waschbecken. Ebenso verhält es sich beim Bidet und beim Spültisch. Spültische und Spülbecken sind heute zumeist aus Chromnickelstahl oder aus emailliertem Stahlblech. Becken aus Porzellan oder Steingut werden kaum noch eingebaut. Das normale Waschbekken und das Sitzwaschbecken bestehen aus Sanitärkeramik und sind in allen aktuellen Farben erhältlich.
Für besondere Fälle können auch Waschbecken aus emailliertem Stahlblech eingebaut werden, was den Charakter eines Sanitärraumes nicht unerheblich verbessert.
Im allgemeinen sollte man mehr zeitlose Formen und Farben wählen, da eine Sanitäreinrichtung unter normalen Umständen sehr langlebig ist.

Die Rohrinstallation erfolgt hier analog zu den Ausführungen zum Waschtisch.
Die entsprechenden Maße am Bidet richten sich stark nach Fabrikat und Ausführung. Also auch hier die Angaben des Herstellers beachten.
Die Anschlüsse für die Spüle sind nicht kritisch, da deren Austritte zumeist vom Küchenunterbau verdeckt sind. Oft sind auch keine Fliesen vorhanden.

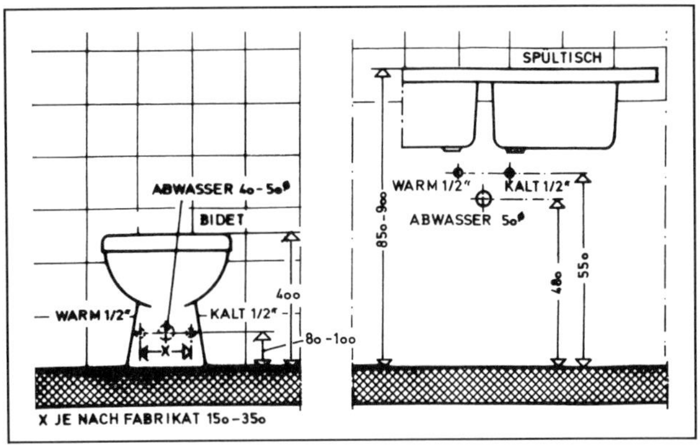

Armaturenausführung

Die Anschlußarmaturen für sanitäre Einrichtungsgegenstände werden zumeist in einer verchromten Ausführung gewählt. Es gibt aber auch farbige und vergoldete Exemplare. Auch hier spielt der Zeitgeschmack eine wesentliche Rolle. Wichtiger sind jedoch Funktion und Handhabung.
Einhebelmischer haben sich als besonders wassersparend erwiesen. Sonst verwenden wir Zuwasserarmaturen als sogenannte Einlochbatterien. Ein Loch im Waschbecken reicht aus, um die Batterie mit Warm- und Kaltwasseranschluß zu installieren.
Ein Geruchverschluß, auch Siphon genannt, verbindet den Sanitärgegenstand mit dem Abwassersystem. Für die Küchenspüle werden spezielle Geruchverschlüsse aus Kunststoff benutzt.

Für das Waschbecken stehen der Flaschengeruchverschluß (1) und der Röhrengeruchverschluß (2) zur Verfügung.
Das Bidet benötigt einen flachen Röhrengeruchverschluß (3).
Mit einem Röhrengeruchverschluß ist auch dann noch ein Anschluß an das Abwasserrohr möglich, wenn es nicht genau mittig hinter dem Becken liegt. Das sieht zwar nicht schön aus, ist aber für den Ausnahmefall akzeptabel.

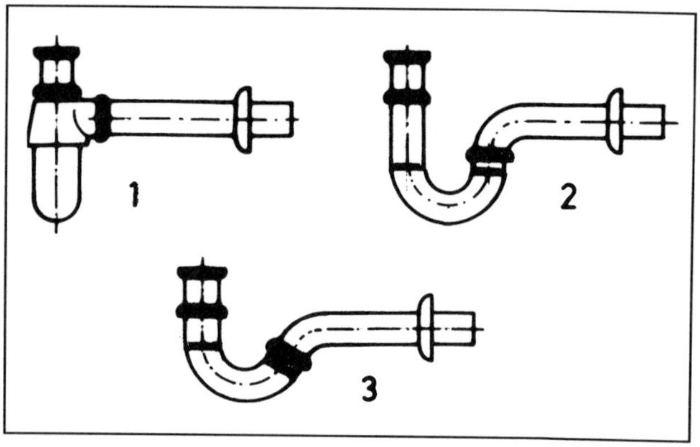

Einkaufslisten für Spültisch und Bidet

Spültisch	*Bidet (Sitzwaschbecken)*
1 Spültisch nach Wahl evtl. mit Abtropffläche	*1 Bidet*
1 Ablaufgarnitur passend zum gewählten Spültisch	*2 Befestigungsschrauben*
1 Geruchverschluß 1¼ Zoll aus Kunststoff mit Abflußanschluß für die Geschirrspülmaschine	*1 Einlochbatterie ½ Zoll mit Ablaufventil 1¼ Zoll*
1 Einlochbatterie	*2 Eckventile ½ Zoll mit Rosetten*
2 Eckventile ½ Zoll	*1 Röhrengeruchverschluß 1 ¼ Zoll mit Rosette*
1 Geräteanschlußventil für die Arbeitsplatte	

Installation für ein Klosett

Die Standardausrüstung für ein Klosett besteht aus dem bodenstehenden Klosettkörper und dem tiefhängenden Spülkasten. Der Wasseranschluß kann offen, wie hier gezeigt, oder aber verdeckt im Kasten angeordnet werden. Die verdeckte Anordnung ist zum Beispiel sinnvoll, wenn Sie einen Druckspüler durch einen Spülkasten ersetzen wollen. Dann paßt oft der Wasserleitungsanschluß ohne Änderung.

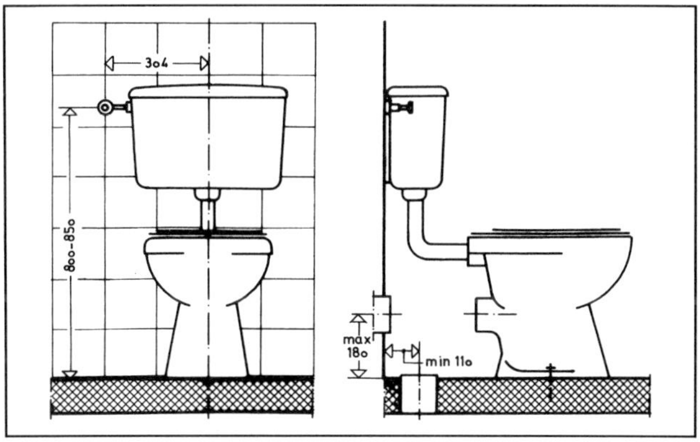

Durch die Verwendung verschiedener Ablaufformstücke sind alle Ablaufsituationen erreichbar. Jedes Formstück hat in der Muffe eine Lippendichtung, die den Anschluß sicher abdichtet. Die Rohre sind leicht zu kürzen (s. S. 20).
Hier die gängigsten Formstücke:
a = gerader Stutzen,
b = 45 Grad-Bogen,
c = 22 Grad-Bogen,
d = 90 Grad-Bogen,
e = Exzentermuffe,
f = Rosette.

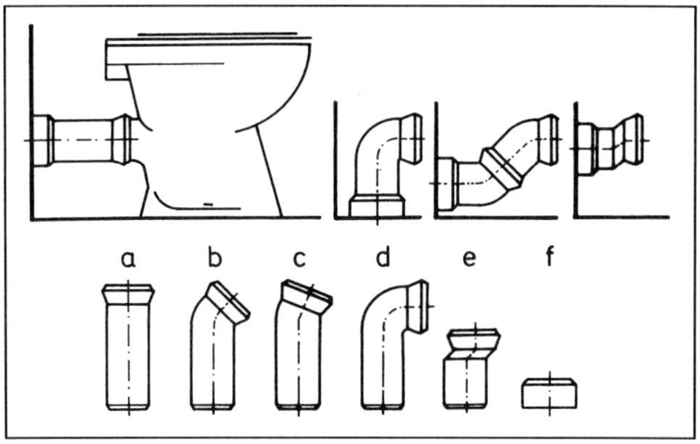

Tief- oder Flachspülklosett.

Das Tiefspülklosett ist überall dort angebracht, wo sich Geruchsbelästigungen negativ auswirken, zum Beispiel bei fensterlosen Räumen.
Das Flachspülklosett hat sicher noch eine halbmedizinische Bedeutung, denn hier ist die Beobachtung des Stuhles recht einfach.

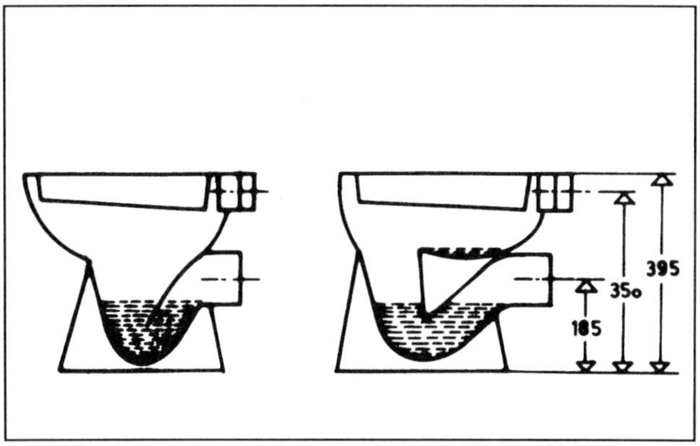

Als Alternative zum bodenstehenden Klosettkörper mit tiefhängendem Spülkasten bietet sich das wandhängende Klosett mit Einbauspülkasten oder Druckspüler an.

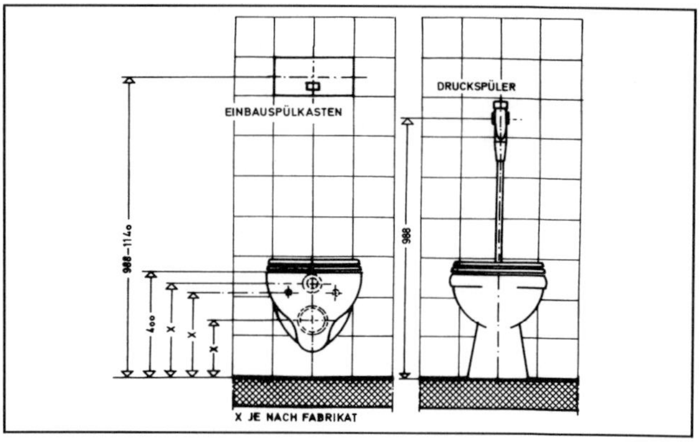

Druckspüler dürfen in Toilettenanlagen jedoch nur eingebaut werden, wenn ein eignes Absperrventil vorhanden ist.

Wandhängende Klosettkörper sind nicht so ganz einfach zu installieren. Ich rate dringend, solche Ausführungen – und das gilt auch für das wandhängende Bidet – nur unter Verwendung von Trageelementen zu montieren.

Diese Trageelemente sind Stahlkonstruktionen, die in die Wand eingebaut werden. Der spätere Fliesenspiegel verdeckt dann alles. Ihr Fachhändler hat auch Elemente, in die der Spülkasten sowie die Zu- und Abwasserleitungen bereits eingebaut sind.

Das wandhängende Klosett wird über sogenannte Anschlußmanschetten mit den Zu- und Abwasserrohren verbunden.

Links auf der Abbildung ist oben die Spülrohrmanschette mit Dichtungsring dargestellt.
Unten die Ablaufmanschette mit Dichtring für das Abwasserrohr und Dichtung für den Klosettkörper. Beide Manschetten an das WC anpassen und entsprechend kürzen.
Dann den Klosettkörper aufschieben und anschrauben.
Vorher noch eine dauerelastische Masse auf den hinteren Rand geben.

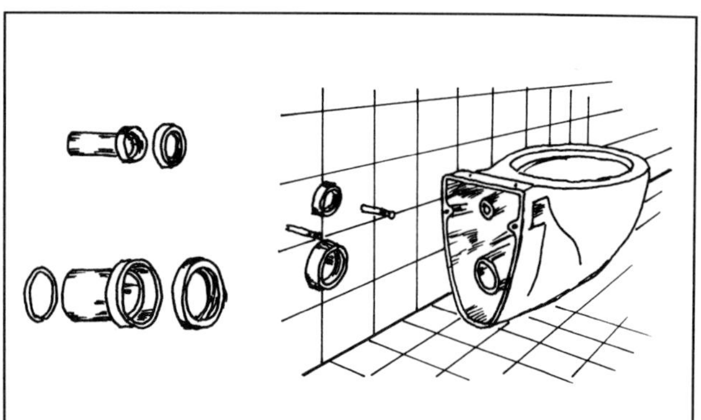

Materialwahl für das WC

Klosettkörper werden zumeist aus Sanitärkeramik in verschiedenen Ausführungen und Farben hergestellt. Vor Jahren hat man das Klosett mit Universalabgang eingeführt. Solche WC-Becken haben einen kurzen waagerechten Abwasserabgang nach hinten. Der Anschluß zum Abwasserrohr erfolgt über entsprechende Formstücke aus Kunststoff. Heimwerker- und Baumärkte führen in der Hauptsache diese Modelle. Andere Ausführungen muß man sich zumeist beim Fachhandel besorgen. Das Tiefspülklosett ist heute gebräuchlicher als das Flachspülklosett. Die Klosettkörper gibt es als bodenstehende oder wandhängende Ausführung. Der allgemeine Montageaufwand ist beim bodenstehenden WC-Körper geringer. Der wandhängende Typ hat seine Vorteile in bezug auf die Reinigungsmöglichkeiten des Raumes.

Beim wandhängenden Klosett ist als Spülkasten meist ein Wandeinbauspülkasten zu wählen. Bei bodenstehenden Ausführungen können sowohl hängende wie eingebaute Spülkästen verwendet werden. Der hängende Spülkasten verursacht den geringeren Montageaufwand, der Wandeinbauspülkasten dagegen hat seine Vorteile bezüglich Platzersparnis. Sollen Klosett und Bidet in einem Raum installiert werden, sollten beide in gleicher Weise ausgeführt werden, also beide bodenstehend oder wandhängend. Spülkasten, Klosett, Klosettdeckel, Spülrohrbogen und Abwasserrohre gibt es in allen aktuellen Sanitärfarben. Leichte Farbabweichungen sind jedoch möglich, wenn die Teile von verschiedenen Herstellern stammen oder aus unterschiedlichen Materialien bestehen.

Einkaufslisten für Klosetts

Klosett mit tief-hängendem Spülkasten	*Klosett wandhängend mit Einbauspülkasten*
1 Tief- oder Flachspülklosett mit Universalabgang *1 Satz Befestigungsschrauben* *1 Kunststoffabgang je nach Örtlichkeit mit Rosette* *1 tiefhängenden Spülkasten mit Spülrohrbogen* *1 Eckventil ½ Zoll mit Rosette und Verbindungsröhrchen* *1 Klositz mit Deckel*	*1 Klosettkörper wandhängend* *1 Trageelement mit Befestigungs- und Trageschrauben* *1 Einbauspülkasten mit Spülrohr* *1 Anschlußmanschette für den Ablauf* *1 Einlaufmanschette für das Spülwasser* *1 Klositz mit Deckel*

Installation für eine Dusche

Dusch- oder Brauseanlagen können hinsichtlich der Ausstattung und Ausführung auf den jeweiligen Bedarf abgestimmt werden. Auf dem Bau- und Heimwerkermarkt sind vor allem Brausewannen aus Stahlblech gängig, die in den aktuellen Sanitärfarben angeboten werden.

Bitte auf jeden Fall solche Wannen wählen, die eine Materialstärke von 3,5 mm haben.

Achten Sie ferner darauf, daß an der Wanne zwei Potentialausgleichfahnen angeschlossen sind.

Außerdem gibt es Brausewannen aus Gußeisen und Acryl. Die Abmessungen entsprechen weitgehend denen der Stahlwannen.

Einige Wannenhersteller fertigen zu ihren Wannen auch sogenannte Schürzen aus emailliertem Blech, die das spätere Verfliesen der Wanne erübrigen.

Die Wannen sind zumeist mit höhenverstellbaren Füßen ausgeführt, die ein exaktes Ausrichten zulassen. Daneben sind auch Wannenträger aus Poresta im Handel, die den Vorteil haben, das eingelassene Wasser länger warm zu halten, was insbesondere für Badewannen gilt. Zudem wirkt der Poresta-Körper schalldämmend.

Zu beachten ist auch, daß die Wanne vor die geflieste Wand gestellt wird und so bei Demontage ohne Fliesenarbeiten ausgewechselt werden kann. Dies ist möglich, weil der Wannenträger die Fliesen trägt und dadurch gleichzeitig als Wannenummauerung wirkt.

Die eigentliche Wanne wird erst bei der Fertigmontage des Bades eingebracht und gegen die Fliesen mit dauerelastischer Masse wasserdicht abgedichtet.

Duschwannen gibt es in flacher und in tiefer Ausführung. Darüber hinaus gibt es Flachwannen mit einer Bauhöhe von 50 mm, deren Oberkante mit den Bodenfliesen abschließt.
Außerdem können Sie natürlich auch nur einen Bodeneinlauf montieren und die eigentliche Wanne aus Fliesen formen.

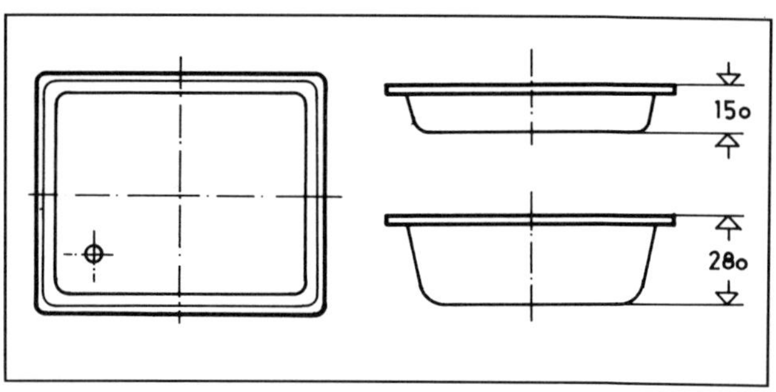

Duschabtrennungen

Duschen erhalten Vorhänge oder feste Abtrennungen als Spritzschutz. Die festen Abtrennungen bestehen heute zumeist aus Acrylglas mit Metalleinfassungen.

Die Abtrennungen dürfen keinenfalls bis an die Decke reichen, es sollen oben vielmehr mindestens 500 mm offen sein, damit die Dämpfe ungehindert abziehen können. Das gilt auch für Vorhänge. Ohne den Freiraum zur Decke würden die Dämpfe sich in der Kabine abkühlen und einen Unterdruck erzeugen, der den Vorhang in die Kabine hineinzieht.

Vorhänge werden meist mit Ringen auf Stangen befestigt. Feste Abtrennungen werden nach der Montage noch an den Wand- und Wannenfugen mit einer dauerelastischen Masse, die für Sanitärzwecke geeignet sein muß, abgedichtet.

Abwasserarmaturen

Die Brausewanne soll am Aufstellort so ausgerichtet werden, daß sich das Ablaufventil im vorderen Bereich befindet. So ist es vom Standplatz vor der Dusche aus jederzeit zugänglich. Das Abwasserrohr kann getrost unterhalb der Wanne zum Anschluß geführt werden.
Bei tiefen Duschwannen ist das Abflußventil als Stopfenventil ausgebildet, die Wanne braucht dann einen Überlauf. Bei flachen Duschwannen wird ein Standrohrventil verwendet, das einen Überlauf erübrigt.
Der Abwasseranschluß erfolgt über einen Geruchverschluß zum Abwasserrohr. Im Bereich des Abwasseranschlusses der Brausewanne ist im Fliesenbelag eine Revisionsöffnung anzubringen. Und auch hier an den Potentialausgleich denken, den ein Elektriker herstellen muß.

Ablaufventile für Dusch- und Brausewannen sind als Stopfenventil mit Überlauf für tiefe Wannen beziehungsweise für flache Wannen als Standrohrventil, wie hier abgebildet, ausgeführt. Bei Standrohrventilen ist ein Überlauf nicht notwendig.

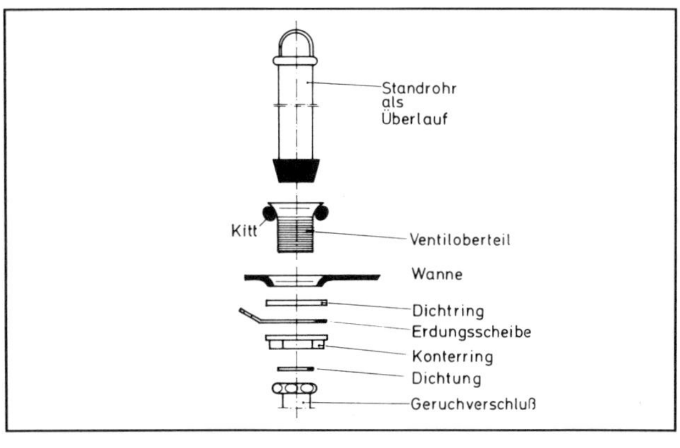

Bodeneinlauf

Zur Sicherheit gegen über- oder ausfließendes Wasser können Bade- und Duschräume Bodeneinläufe erhalten.
Da in Bodeneinläufe nicht dauernd Wasser einläuft, kann das Sperrwasser des Geruchverschlusses verdunsten. Dadurch können Gerüche aus dem Kanal in den Raum gelangen. Spezielle Bodeneinläufe haben deshalb einen seitlichen Zulauf, an den die Dusch- oder Badewanne angeschlossen werden kann.

So ist der Geruchverschluß nach jedem Dusch- beziehungsweise Badevorgang wieder mit Wasser gefüllt.
Die angeschlossene Brause- oder Badewanne benötigt dann keinen eigenen Geruchverschluß.

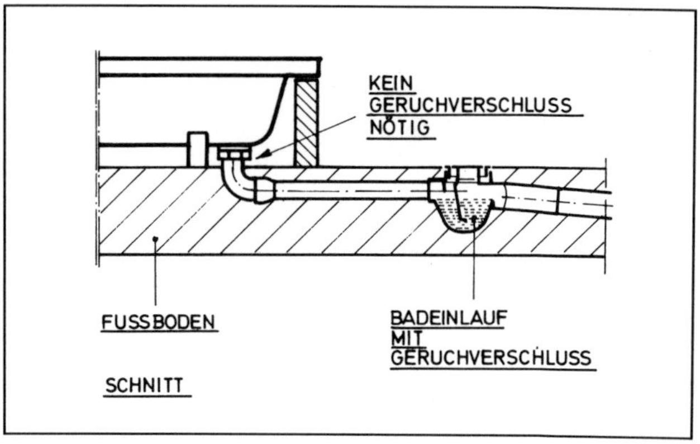

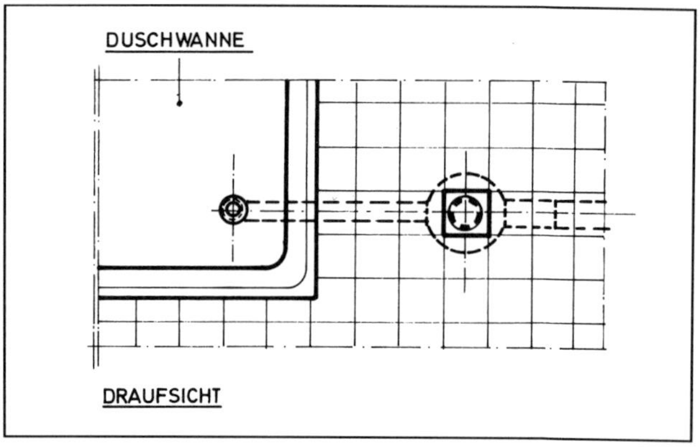

Brausearmaturen

Die Brausebatterie innerhalb der Duschzelle sollte so angeordnet sein, daß sie von außen leicht zu bedienen ist, das heißt, ohne daß man durch den Wasserstrahl greifen muß.

Eine Mischbatterie oder zwei Unterputzventile, eine Handbrause mit Brauseschlauch und Wandstange reichen bereits zum Duschen aus.

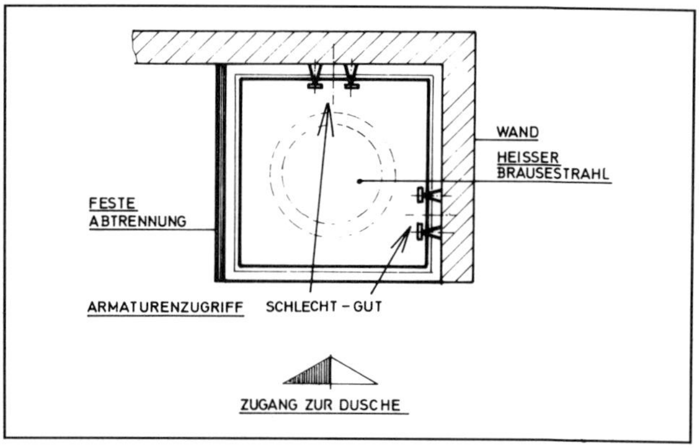

Rechts:

Eine relativ einfache Dusche. Eine Mischbatterie versorgt über einen Brauseschlauch eine Handbrause, die an einer Wandstange befestigt ist.

Links:

Eine Unterputzmischbatterie versorgt über ein Umschaltventil eine feste Kopfbrause.
Nach einer Umschaltung duscht es aus sechs Seitenbrausen auf Sie ein.

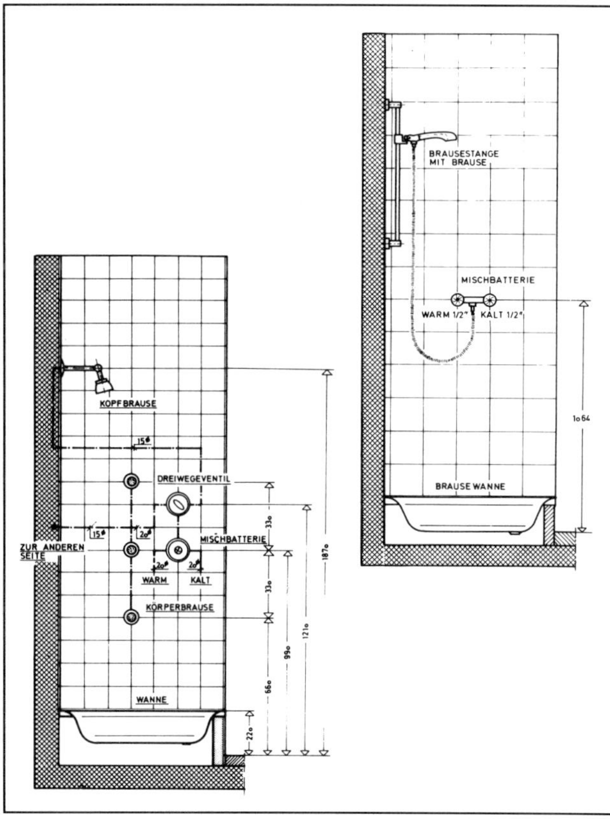

Einkaufslisten für Brauseanlagen

Brauseanlage flache Wanne	*Brauseanlage tiefe Wanne*
1 Brausewanne mit Fußgestell oder Wannenträger *1 Ablaufventil 1½ Zoll mit Standrohr und Geruchverschluß* *1 Brausebatterie ½ Zoll* *1 Brausegarnitur mit Handbrause, Brauseschlauch 1250 mm lang und Wandstange*	*1 Brausewanne mit Fußgestell oder Wannenträger* *1 Ab- und Überlaufgarnitur und Geruchverschluß* *1 Brausebatterie ½ Zoll* *1 Brausegarnitur mit Handbrause, Brauseschlauch 1250 mm lang und Wandstange*

Installation für eine Badewanne

Die zum Selbsteinbau gebräuchlichste Wanne ist aus Stahl, Materialstärke auch hier 3,5 mm. Daneben gibt es Ausführungen aus Guß und Kunststoff. Je nach vorhandenem Platz kann eine Wanne von 1400 mm bis etwa 2000 mm Länge gewählt werden. Die Normalwanne hat eine Länge von 1700 mm, die vom Handel zumeist auch am preisgünstigsten angeboten wird. Die Breiten der Wannen sind 750 mm und 800 mm, um eine gute Kombinationsmöglichkeit mit den Duschwannen zu erreichen.
Die Normalwanne ist als Parallel- und Körperformausführung gebräuchlich und jeweils in den aktuellen Sanitärfarben erhältlich. Füße und Wannenträger entsprechen denen der Brausewanne.
Wannenträger gibt es jedoch nicht für alle Fabrikate.

Die Normalwanne ist als Parallelform oder als Körperform erhältlich.
Die Diagonalform empfiehlt sich vor allem, wenn durch den Aufstellort bedingt, der Badende sonst unmittelbar auf eine Wand schauen müßte.
Bei den Abmessungen der Badewanne ist zu beachten, daß bei Wannen mit Füßen diese in der Höhenangabe mit enthalten sind.

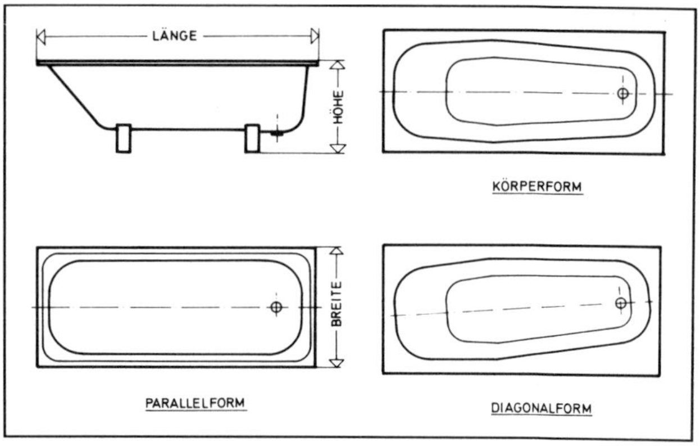

Wannen, die eingemauert werden, erhalten höhenverstellbare Füße oder Fußgestelle mit Gummiauflagen, die das Ausrichten erheblich erleichtern. Der obere Rand der Wanne muß allseitig waagerecht sein.
Ist die Höhenverstellbarkeit nicht ausreichend oder werden feststehende Füße benutzt, so wird mit verrottungsfesten, harten Materialien solange unterbaut und mit Zementmörtel eingegossen, bis die Höhenmaße erreicht sind.
Am hinteren Rand und gegebenenfalls an den Seiten wird die einzumauernde Wanne mit sogenannten Wannenprofilen aus Kunststoff oder Gummi ausgestattet. Dieses Profil schützt die Wanne davor, an der Rohbauwand beschädigt zu werden. Gleichzeitig wird damit ein Abstand zur Wand eingestellt, der ein einwandfreies Aufbringen der Fliesen gestattet.

Die Abwasserarmaturen gleichen denen der Duschwanne, nur daß in jedem Fall ein Überlauf erforderlich ist. Das Ablaufventil hat einen Stopfen oder einen Exzenterverschluß.
Montagefolge der Ablaufgarnitur einer Wanne: 1 = Ablaufoberteil, 2 = Dichtring, 3 = Ventilunterteil, 4 = Schraube, 5 = Überlauf, 6 = Überlaufrohr, 7 = Geruchverschluß, 8 = Anschlußrohr, 9 = Anschluß für den Potentialausgleich.

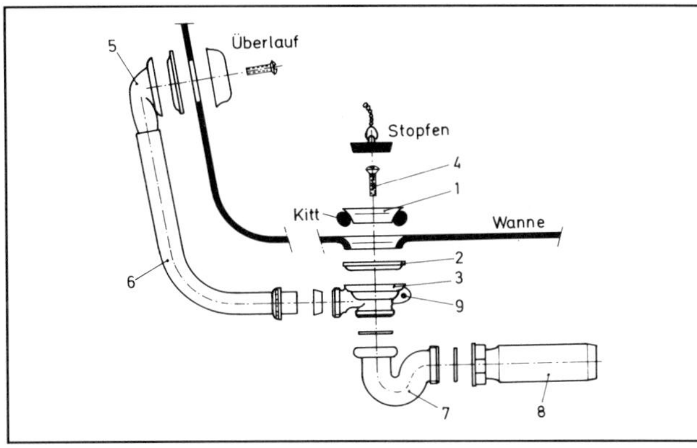

Einkaufsliste Badeanlage:
1 Einbauwanne, Körperform mit Fußgestell oder Wannenträger
1 Ab- und Überlaufgarnitur mit Geruchverschluß
1 Wannenfüll- und Brausearmatur ½ Zoll mit Handbrause, Brauseschlauch 1250 mm lang und Wandstange.

Badewannen und Duschen (eventuell beide zusammen) sind in Nischen ausgezeichnet untergebracht, nicht zuletzt, weil es hier recht einfach ist, die Wanne zu verfliesen.

Sie sollten jedoch beim Aufstellen der Badewanne darauf achten, daß der Badende sich nicht durch den unmittelbaren Blick auf eine Wand beengt fühlt, sondern in den Raum hineinschauen kann.

Befindet sich in dem Baderaum ein Fenster, sollte möglichst direkt darunter ein Heizkörper installiert sein, um so ein Wärmegitter erzeugen zu können. Eine Badewanne unter einem Fenster aufzustellen birgt einige Nachteile. Zum einen kann das Fenster dann nur noch schlecht bedient werden, zum anderen kann Zugluft entstehen.

Eine Batterie mit Auslauf und Schlauchbrause ist schon die Maximalausstattung. Unterputzausführungen oder eine Thermostat-Mischbatterie sind nützliche Alternativen.

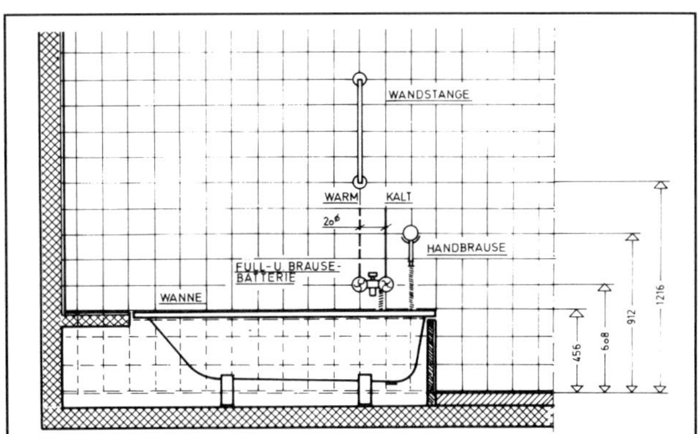

Installation eines kompletten Bades

Zur Vertiefung der vorangegangenen Ausführungen will ich abschließend die Installation eines Bades beschreiben. In bezug auf den vorhandenen Raum mit den entsprechenden Hauptzu- und -abwasserleitungen muß zunächst der Umfang der gewünschten Badausstattung festgelegt werden.
In unserem Fall werden installiert: Badewanne, Dusche, Waschtisch, Klosett, Bidet und Bodeneinlauf.
Der Grundriß mit der geplanten Ausstattung für dieses Bad ist auf der nachfolgenden Abbildung ersichtlich. Auf diesem Grundriß sind drei Ansichten mit „A", „B" und „C" gekennzeichnet. Auf den folgenden Seiten werden zu diesen Ansichten die entsprechenden Installationszeichnungen folgen.
Ansicht „A" – Wand mit Waschtisch, Bidet und Klosett
Ansicht „B" – Wand mit Duschwanne und Badewanne
Ansicht „C" – Wand mit Armatur für die Duschwanne.

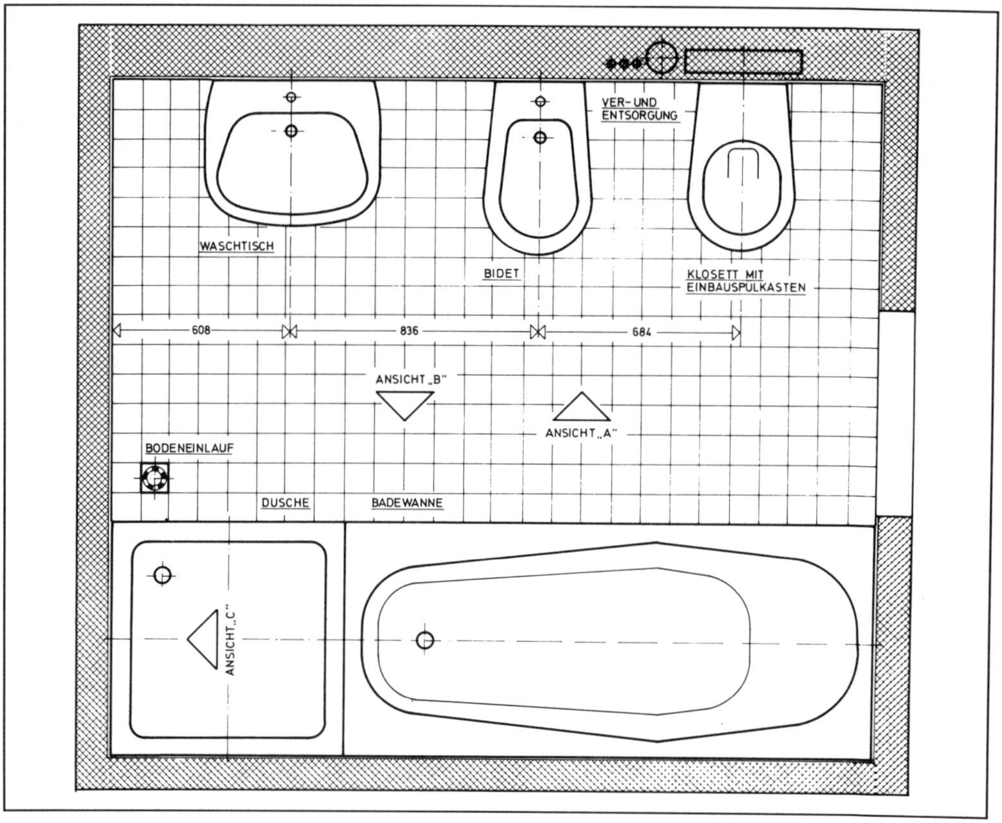

Fliesenplan

Vor den eigentlichen Arbeiten wird für jede Installationswand eine maßstabsgetreue Schemazeichnung angefertigt. Zuerst trägt man auf dieses Blatt den Raster der Fliesen auf, den sogenannten Fliesenplan.
Grundsätzlich ist es möglich, eine Sanitärinstallation auch ohne Berücksichtigung der Fliesen auszuführen. So nimmt man allerdings in Kauf, daß später die Installationsanschlüsse irgendwo aus dem Fliesenspiegel austreten. Aus optischen Gründen und außerdem ist damit auch das Verlegen der Fliesen wesentlich einfacher, sollte aber angestrebt werden, alle Armaturenanschlüsse in einer Fliesenkreuzfuge, zumindest aber in einer waagerechten oder senkrechten Fuge austreten zu lassen. Sollte keine Fuge erreichbar sein, ist darauf zu achten, daß der Austritt im Mittelpunkt der Fliese liegt.

Voraussetzung für den Fliesenplan ist natürlich, daß Sie frühzeitig, das heißt vor der Planung der Installation, die Fliesen auswählen oder zumindest das Format der Fliesen festlegen. Zu dem Format der Fliese ist dann die Breite der Fuge hinzurechnen. Für Sanitärräume geht man von 2 mm breiten Fugen aus. Wenn Sie eine Fliese wählen im Format 150 mm x 150 mm, ergibt sich für den Fliesenplan ein zu übertragendes Rastermaß von 152 mm x 152 mm. Die Längs- und Querfuge wird also nur je einmal hinzuaddiert.
Haben Sie Ihr Rastermaß bestimmt, können Sie die Schemazeichnung diesem Maß entsprechend in Rechtecke oder Quadrate einteilen. Die Unterkante des Fliesenplans ist die Unterkante der ersten Fliesenreihe. Also Vorsicht, wenn Sie dem Fußboden einen neuen Belag geben wollen.

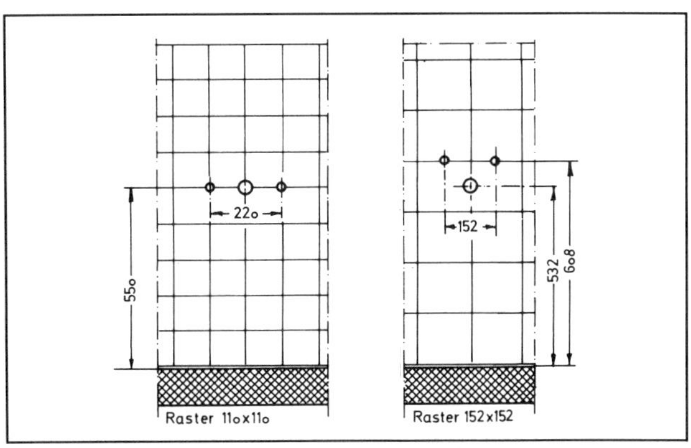

Links wurden Fliesen im Format 108 mm x 108 mm gewählt, zuzüglich 2 mm Fugenbreite.

Rechts der Fliesenplan für 150 mm x 150 mm Fliesen, zuzüglich 2 mm Fugenbreite.

Nach der Erstellung des Fliesenplanes ist das Einplanen der Rohrleitungsaustritte und der sanitären Objekte ohne große Schwierigkeit möglich.
Das so ermittelte Rohrsystem wird dann auf die Wand übertragen.

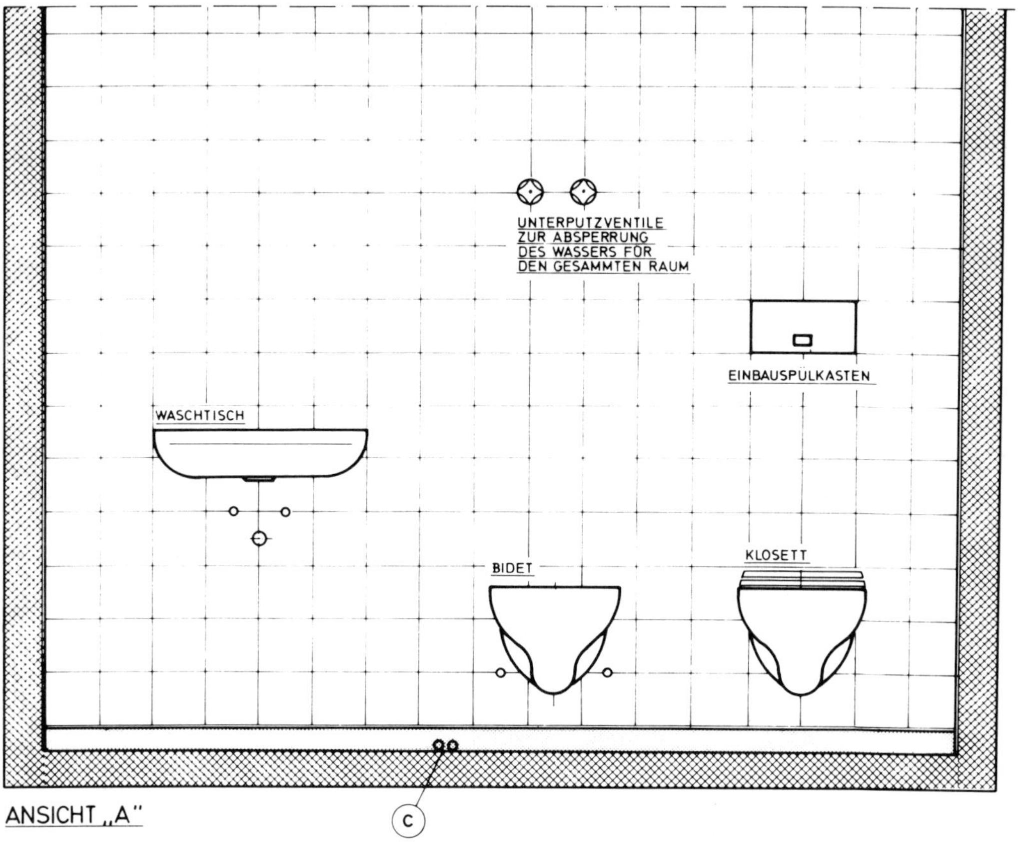

ANSICHT „A"

Hier die maßstabgetreue Schemazeichnung mit Fliesenplan für unsere Ansicht „A". Beachten Sie die Unterkante des Fliesenplanes: zur Zeit liegt erst ein Rohboden, über den die Zuleitungen für die gegenüberliegende Installationswand („B") verlegt werden sollen. Die Unterkante des Fliesenplanes beginnt auf der Höhe des später zu verlegenden Bodenbelages. Bidet und Klosett wollen wir wandhängend installieren. Das Klosett erhält entsprechend einen Einbauspülkasten. Die Absperrorgane sollen zentral alle Zuleitungen des Bades absperren.

Sind so alle Wandaustritte der Rohrleitungen bestimmt und auch die Maße der sanitären Objekte, werden diese Maße und Austrittstellen auf der Wand angezeichnet.

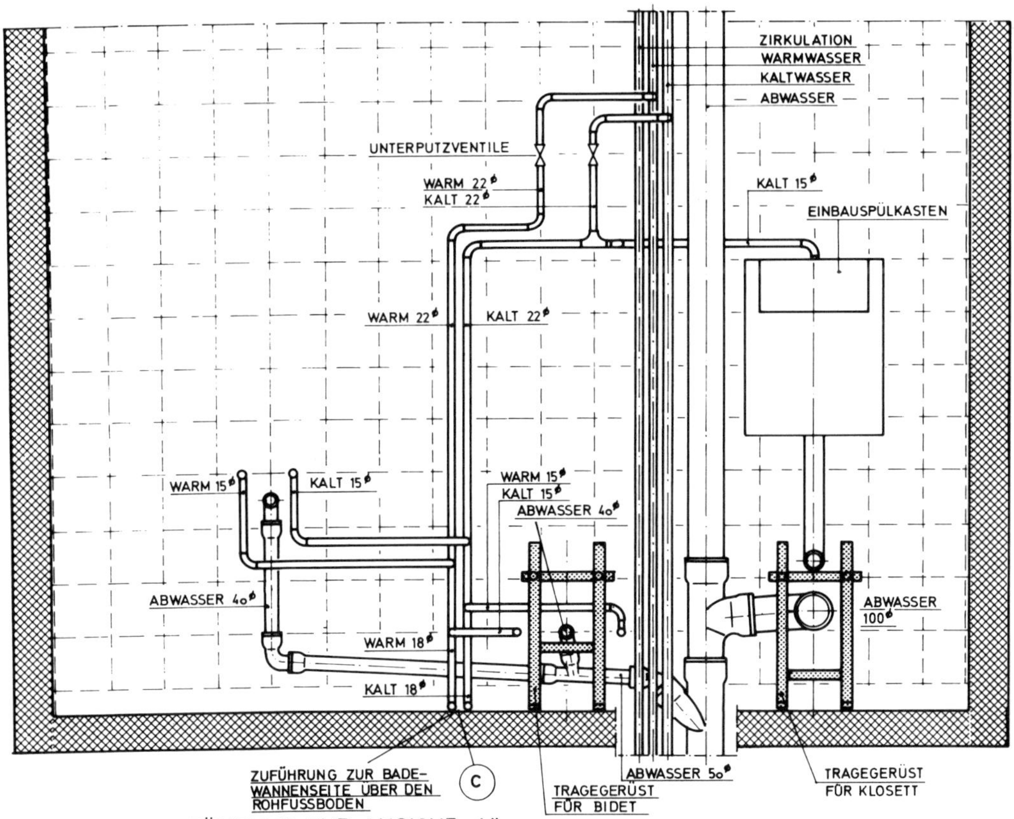

ROHRLEITUNGSFÜHRUNG ZUR ANSICHT „A"

Nach diesen Angaben wird nun die Installationsführung geplant und in der Installationszeichnung festgehalten.
Von den Steigleitungen für Kalt- und Warmwasser erfolgt je ein Abzweig zur Versorgung des Bades. Die Absperrorgane werden als Unterputzventile ausgebildet. Die Zuleitungen zu Waschtisch, Bidet und Klosett werden mit leichter Steigung verlegt. Die Zuführungen zu Dusche und Badewanne (Ansicht „B") erfolgen über den Rohfußboden, hier mit (c) gekennzeichnet. Da Bidet und Klosett wandhängend montiert werden sollen, sind hierfür Trageelemente erforderlich. Bei den Abwasserleitungen ist das erforderliche Gefälle von mindestens 20 mm je Meter Leitung berücksichtigt.
Für die gegenüberliegende Wand, Ansicht „B" und „C", werden nun in gleicher Weise Zeichnungen gefertigt.

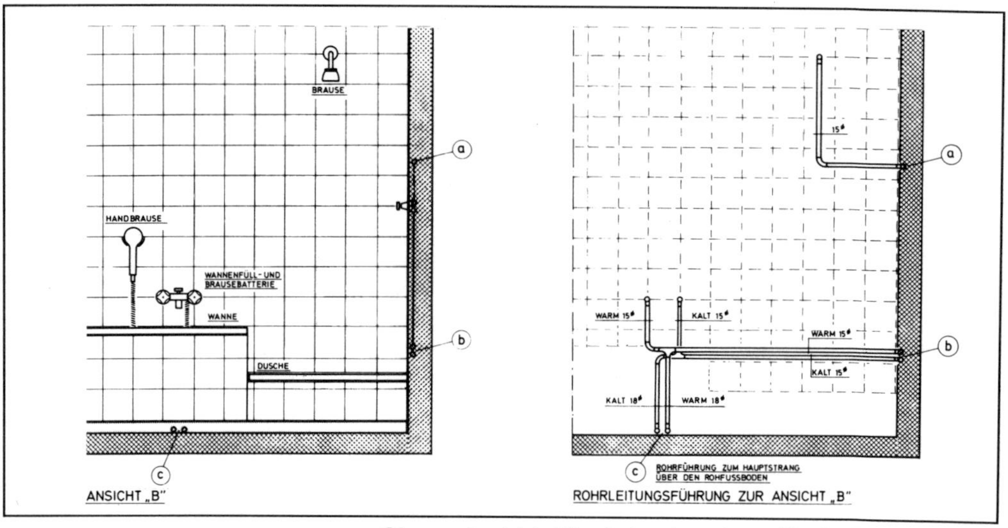

Oben: Ansicht „B“ mit den Armaturen für die Badewanne
Unten: Ansicht „C“ mit den Ventilen für die Brause

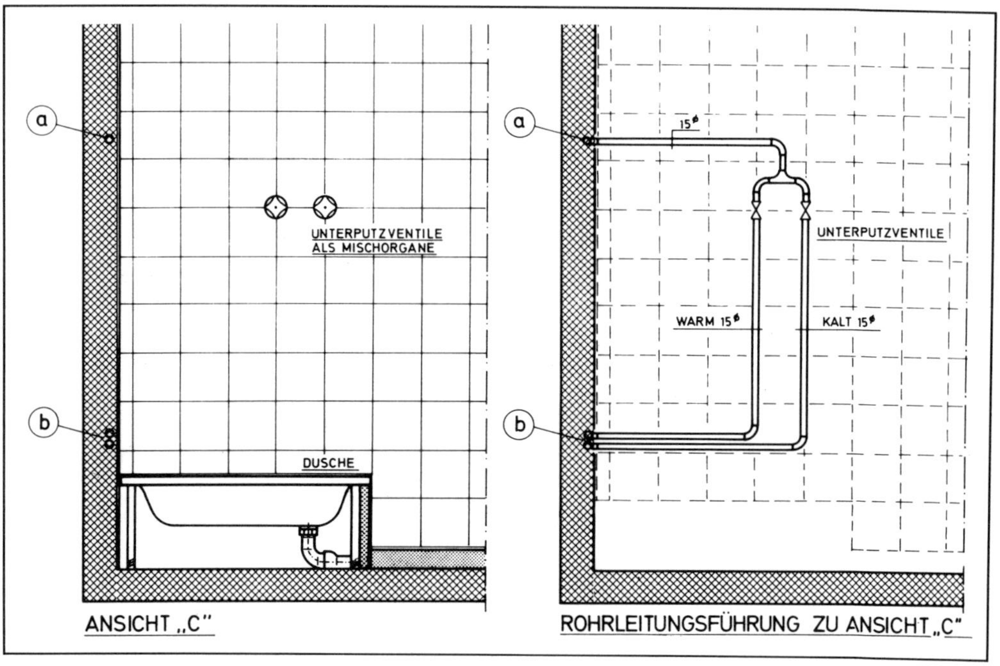

Die Rohrsysteme und Maße der Trageelemente für Bidet und Klosett, sowie den Einbauspülkasten werden nun entsprechend den Installationszeichnungen auf die Wand übertragen.
Entsprechend den einzelnen Rohrdimensionen und zuzüglich einer Isolierung werden dann Schlitze in das Mauerwerk gefräst, die die Rohre gänzlich aufnehmen können. Für die Trageelemente und den Wandeinbauspülkasten sind Wandnischen herzustellen.
Die Wartungs- und Bedienungsöffnung des Spülkastens, die später mit einer Edelstahlplatte verschlossen wird, hat für Montagezwecke einen Aufbau aus Styropor, der aus dem späteren Fliesenspiegel herausragt, um ein einwandfreies und paßgenaues Anarbeiten der Fliesen zu ermöglichen.

Dieser Styroporaufbau wird nach den Fliesenarbeiten demontiert. Er ist also nur Montagehilfe.

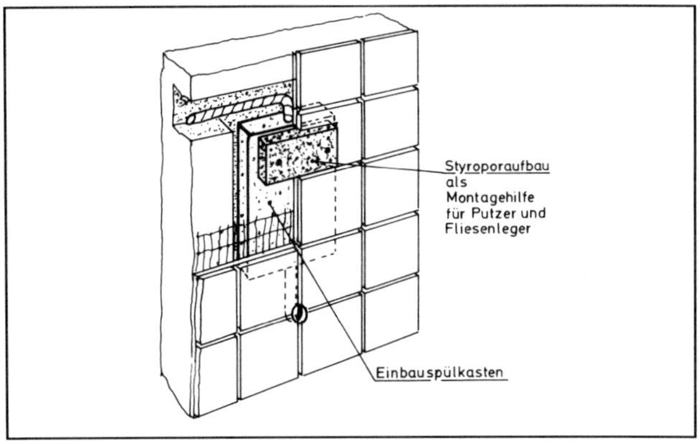

Die eigentliche Rohrinstallation beginnt an den jeweiligen Abzweigen der Steigleitungen. Vor dem Verlegen der Zuwasserleitungen werden die Abwasserrohre und die Einbauten wie Spülkasten und Tragegerüste installiert.

Diese Reihenfolge ist wichtig, da die verhältnismäßig flexiblen Wasserleitungen, für die Sie Kupferrohr verwenden können, leichter zu verlegen sind, als die starren und fixierten Abwasserrohre und Einbauten.

Bei der Verlegung der Abwasserrohre gehen Sie entsprechend den Anleitungen ab Seite 18 vor.

Beachten Sie unbedingt, daß Sie für Bidet, Waschbecken, Brause- und Badewanne HT-Rohre verwenden. Und achten Sie bei der Verlegung auf das notwendige Gefälle.

Montage der Trageelemente

Nach dem Verlegen der Abwasserrohre erfolgt die Montage des Einbauspülkastens. Gehen Sie hierbei entsprechend den Anleitungen ab Seite 95 vor.

Montieren Sie dann das Spülrohr an den Spülkasten. Da in unserem Beispiel durch die wandhängende Konstruktion ein Trageelement notwendig ist, würde die Anbringung des Spülrohrs nach der Montage des Tragegerüstes schwierig.

Danach erfolgt die Montage der Trageelemente für Klosett und Bidet. Die Trageelemente sind so aufzustellen, daß der waagerechte Schenkel auf dem Rohfußboden steht und der senkrechte Schenkel in der entsprechend ausgestemmten Wandvertiefung liegt. Der waagerechte Schenkel wird mit Dübel und Schrauben am Rohfußboden befestigt.

Die verstellbaren, tragenden Traversen des Gerüstes werden jetzt auf die erforderlichen Maße des ausgewählten Klosett- beziehungsweise Bidetkörpers eingestellt.
Die Trageschrauben stehen dann später vor dem Fliesenspiegel.

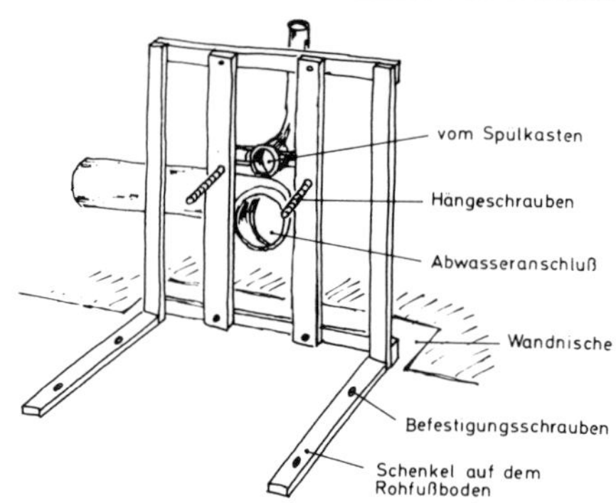

Zwischen den beiden Rohrleitungen für Kalt- und Warmwasser soll ein möglichst großer Abstand gewählt werden, der verhindert, daß die Warmwasserleitung das kalte Wasser erwärmen kann. Um das zu erreichen, kann man natürlich für jede Leitung getrennt Schlitze stemmen.

Eine gut dämmende Isolierung hat jedoch die gleiche Wirkung. (Siehe hierzu Seite 21). Beachten Sie bitte, daß Formstücke und Übergänge erst nach der Wasserdruckprobe, auf die ich gleich eingehen werde, mit Isoliermaterial versehen werden.

Die Rohrbefestigungen erfolgen mit Schellen über die Isoliermaterialien hinweg, um Geräuschübertragungen zu vermeiden.

Wasserdruckprobe

Die Kalt- und Warmwasserleitungen werden nun Stück für Stück vom Abzweig der Steigleitung beginnend und dem Plan gemäß aufgebaut. Gehen Sie dabei entsprechend den Anleitungen ab Seite 9 vor.

Überprüfen Sie bei der Verlegung auch das notwendige Gefälle, damit sich die Rohre beim Wasserabsperren auch vollständig entleeren können.

Und beachten Sie bei der Materialwahl unbedingt die Fließregel (Seite 9).

Die Kalt- und Warmwasseranschlüsse haben Absperrmöglichkeiten, um das gesamten Bad im Bedarfsfalle wasserseitig absperren zu können. Als Absperrungen werden sogenannte Unterputzventile benutzt (siehe Seite 32).

Alle Endpunkte, das sind die Stellen, die später die Armaturen aufnehmen, erhalten Formstücke mit einem Innengewinde. Diese Gewinde müssen bündig oder etwas tiefer zur Wandfläche beziehungsweise zum Fliesenspiegel liegen. Die Größe des Gewindes richtet sich nach der Dimensionierung der jeweiligen Armatur. Zumeist wird aber wohl ½ Zoll in Frage kommen.

Zur Wasserdruckprobe und Markierung sind diese Anschlußöffnungen mit sogenannten Baustopfen zu versehen und in die Gewinde einzudichten (siehe Seite 25). Durch die Baustopfen sind die Anschlußpunkte auch nach dem Verputzen immer wieder auffindbar. Derartige Verschlüsse verhindern auch das Eindringen von Schmutz, Bauschutt oder Mörtel in die Rohrleitungen.

Sind alle Rohrteile verlegt und alle Anschlußpunkte abgedichtet, muß die Anlage abgedrückt werden. Dazu wird eine spezielle Druckpumpe benutzt. Diese wird Ihnen Ihr Sanitärinstallateur sicher leihweise zur Verfügung stellen. Die Sanitärinstallationen müssen für einen Betriebsdruck von 10 bar ausgelegt sein. Abgedrückt wird mit dem 1,5-fachen Druck, also 15 bar. Der Druck muß zehn Minuten stehen. Da sich nun noch Luft in den Leitungen befindet, werden die am weitesten entfernten Anschlußstopfen leicht gelöst, um der Luft die Möglichkeit des Entweichens zu geben.

In unserem Beispiel sind das die Stopfen der späteren Mischbatterie der Badewanne auf Ansicht „B“ und des Anschlusses für die Kopfbrause auf Ansicht „C“. Wenn Wasser kommt, den Stopfen wieder eindrehen.

Stellt sich bei der Wasserdruckprobe heraus, daß aus Verbindungen Wasser dringt, müssen diese Teile neu gelötet beziehungsweise besser eingedichtet werden.

Nach erfolgreicher Wasserdruckprobe und der Gewißheit, daß alle Verbindungen dicht sind, werden nun alle Formstücke und Übergänge isoliert. Putz oder Putzträger dürfen an keiner Stelle ein blankes Rohr der Installation berühren. Die Isolierung muß also vollkommen intakt sein.

Nun sind alle Schlitze und Wandnischen zu schließen, gegebenenfalls vorher mit einem Putzträger zu überspannen. In unserem Beispiel ist nun auch ein Fußboden zu verlegen. Dann können die Fliesen entsprechend Ihrem Fliesenplan verlegt werden.

Nun können die Einrichtungen montiert werden: verfahren Sie dabei entsprechend den Erläuterungen

- Badewanne ab Seite 111,
- Brausewanne ab Seite 119,
- Klosett ab Seite 91,
- Waschtisch und Bidet ab Seite 50,
- Bodeneinlauf ab Seite 142.

Danach sind noch die Armaturen anzubringen:

- Standmischbatterie ab Seite 55,
- Wandmischbatterie ab Seite 195.

Vor Inbetriebnahme müssen alle Leitungen noch gründlich gespült werden.

Unfallschutz

Zum Schluß möchte ich noch an den Unfallschutz erinnern und Sie bitten, Werkzeuge und Materialien nur so einzusetzen, daß Sie und andere nicht zu Schaden kommen.

Sorgen Sie bitte dafür, daß Elektrowerkzeuge und Kabel immer in einwandfreiem Zustand sind. Und halten Sie Kinder möglichst vom Arbeitsplatz fern.

Bei den Arbeitsanleitungen habe ich zumeist das dafür erforderliche Werkzeug benannt und auf mögliche Gefahrenquellen hingewiesen. Bitte benutzen Sie die Werkzeuge fachgerecht und versuchen Sie, Improvisationen möglichst zu vermeiden.

Mit dem richtigen Werkzeug und den richtigen Materialien haben Sie eine Gewähr für die Qualität Ihrer Arbeit.

Weiterführende Literatur

von Ameln: Heizungsinstallation – Reparieren und Erneuern.
Wartungstips und Anleitungen, um kleine Defekte selbst zu beheben. (1979) ca. 19.80 DM

Böse: Eignes Wasser für Haus und Garten.
U.a. Filtern von Regen- und Grundwasser, zweckgünstigste Leitungsführungen und Verteilung in Haus und Garten. (1985) ca. 19.80 DM

Böse: Kalt-, Warm-, und Abwasserleitungen selbst verlegt.
Arbeitstechniken und Anleitungen für die Neuinstallation von sanitären Leitungen und Leitungsnetzen. (1985) ca. 32.00 DM

Engelhard: Fußböden renovieren und verlegen.
Anleitung für verschiedenste Bodenbeläge und deren Verarbeitung. (1985) ca. 19.80 DM

Göres: Mauern leicht gemacht.
Anleitungen zum Betonieren, Mauern und Verputzen. (1982) ca. 19.80 DM

Göres: Betonieren und Mauern.
U.a. Betonieren und Mauern von Trennwänden, Verputzen. (1980) ca. 32.00 DM

Guirr: Boden fliesen.
Schritt-für-Schritt-Anleitungen zum Verlegen von Bodenfliesen. (1986) ca. 9.80 DM

Leipacher: Gartenteiche anlegen leicht gemacht.
U.a. auch die dafür notwendige Installationstechnik. (1986) ca. 19.80 DM

Lochner: Wärme- und Schalldämmung im Innenausbau.
Mit Detailzeichnungen für fachgerechte Dämm- und Isolierarbeiten, auch an Rohrleitungen. (1981) ca. 32.00 DM

Michel: Streichen und Lackieren.
Anleitungen für Farben, Lacke, Kunstharzputze und Lasuren im Innen- und Außenbereich. (1986) ca. 32.00 DM

Nitschke: Wände fliesen.
Schritt-für-Schritt-Anleitungen zum Verlegen von Wandfliesen. (1985) ca. 9.80 DM

Richards: Elektroinstallation leicht gemacht.
Konkrete Anleitungen für die Inneninstallationen. (1987) ca. 24.80 DM

Schiffer: Bad, Dusche, Swimmingpool im Selbstbau.
Von der Planung bis zur sanitären Einrichtung. (1984) ca. 19.80 DM

Schiffer: Sauna im Selbstbau.
Planung, Bau und Zubehör für die Heimsauna. (1987) ca. 19.80 DM

Schiffer: Löten und Schweißen leicht gemacht.
Arbeitshilfen für fachgerechtes Weichlöten und Schweißen. (1986) ca. 19.80 DM

Schiffer: Heizungsanlage selbst gebaut.
Planung und Installation von Heizungsanlagen in Haus und Wohnung.
(1985) ca. 19.80 DM

Welter: Verputzen innen und außen.
Schritt-für-Schritt-Anleitungen zum fachgerechten Verputzen. (1987) ca. 9.80 DM

Zahl in Klammern gibt das Jahr der letzten Auflage an.

Stichwort

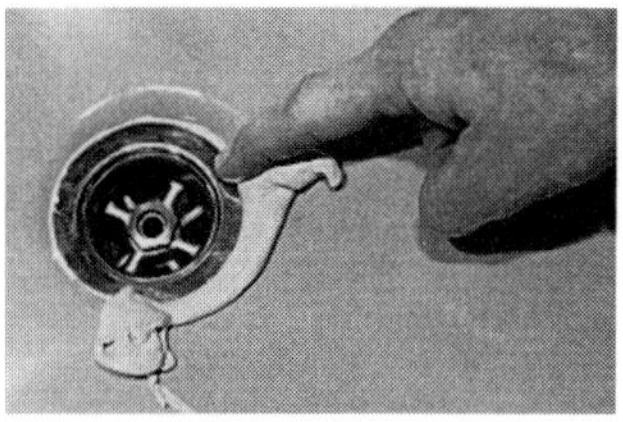

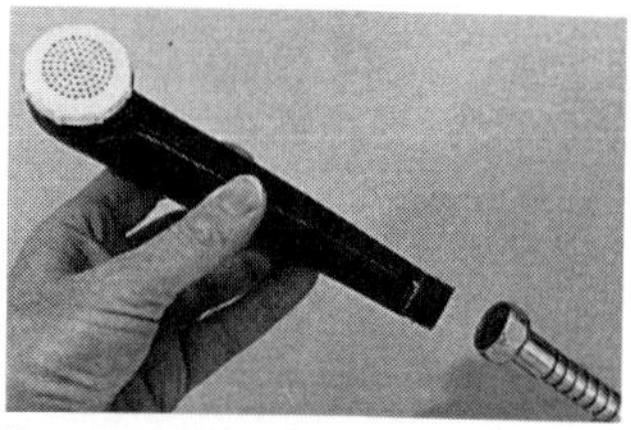

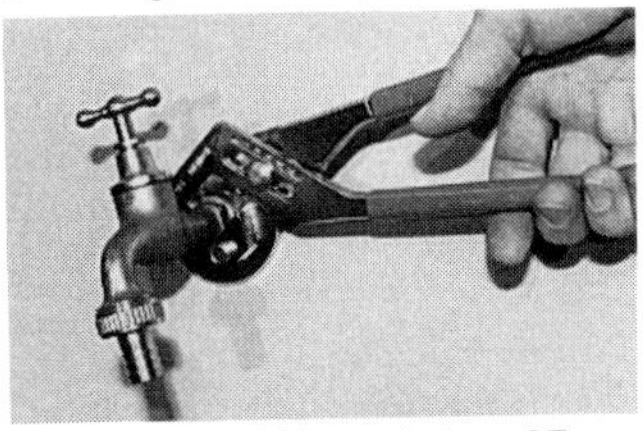

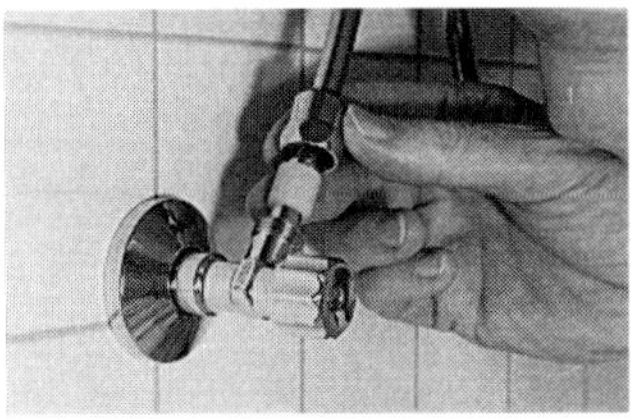

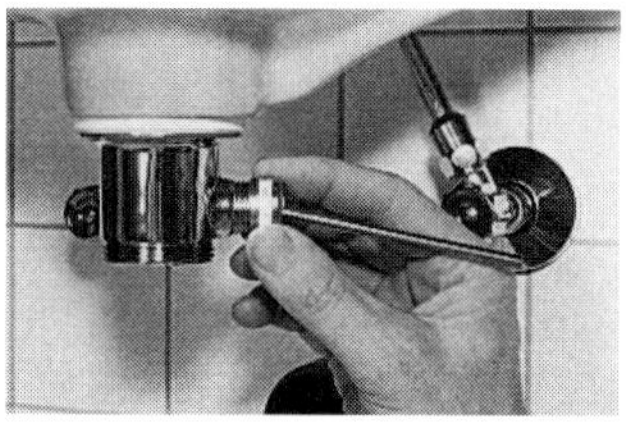

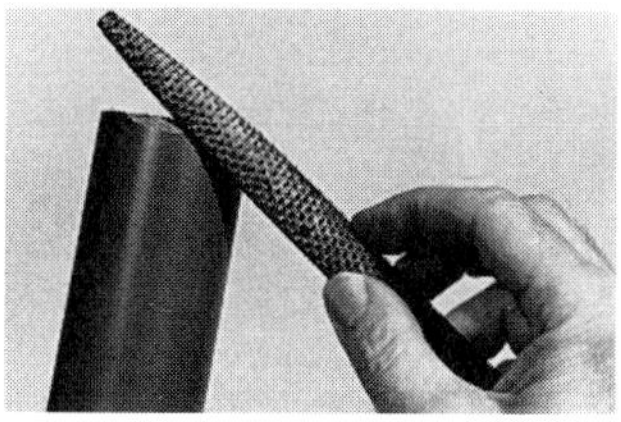

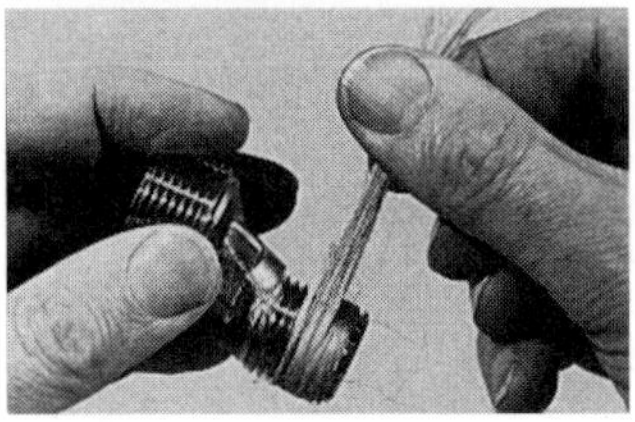

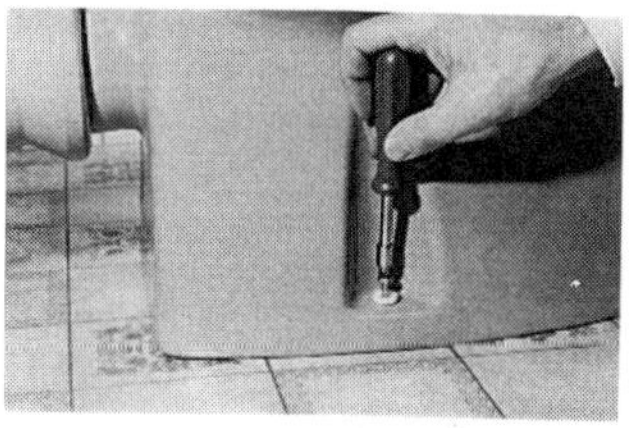

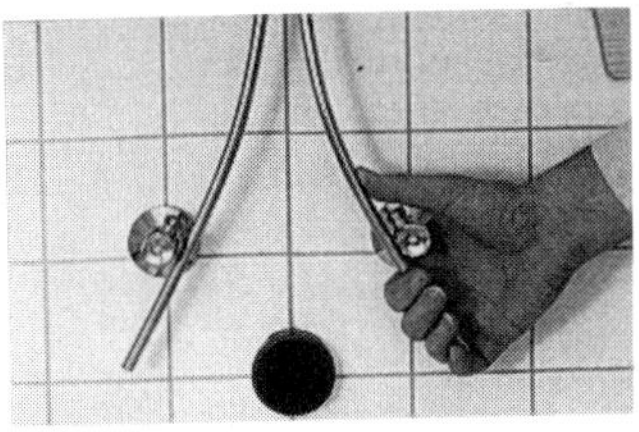

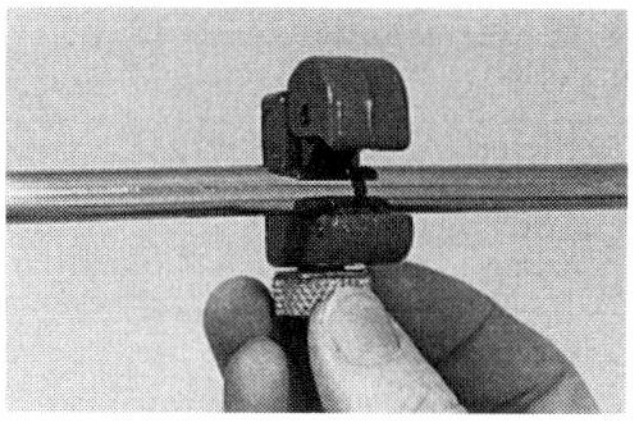

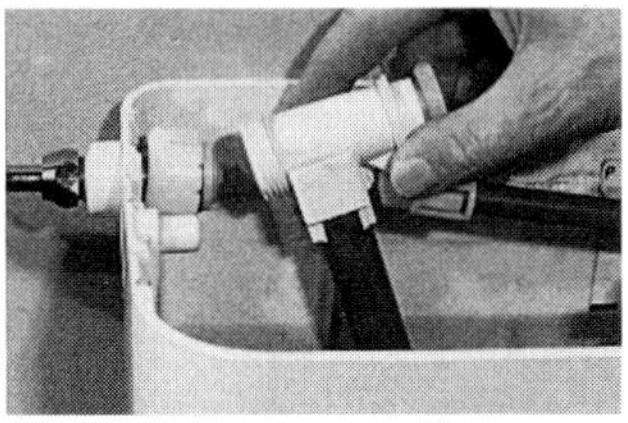

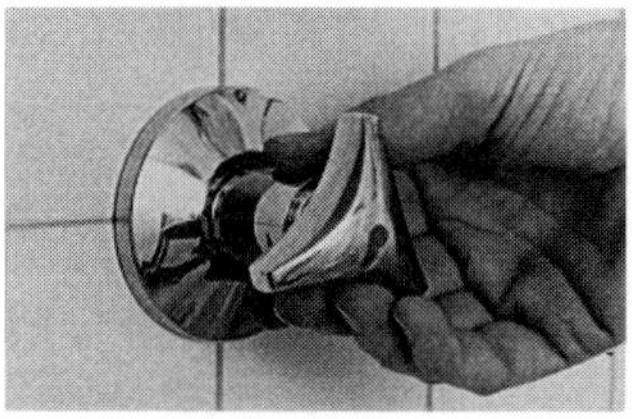